接纳

内心平和从而获得和保持快乐

"推开心理咨询室的门"编写组 编著

中国纺织出版社有限公司

内 容 提 要

我们每个人都渴望幸福和快乐，然而，幸福的关键在于你要先接纳你自己，才能朝着美好的人生努力，才能找到让心灵沉静的方法，才会触摸到幸福。你若盛开，清风自来，你变美好了，一切就都美好了。

本书从积极心理学的角度出发，运用从容而舒缓的语言，将如何接纳自己的智慧娓娓道来，轻柔地提醒世间所有热爱生命、热爱美好生活的人们，要爱自己，要用微笑和阳光的心来经营生活。通过阅读本书，你会掌握拥有积极心态和幸福人生的金钥匙。

图书在版编目（CIP）数据

接纳：内心平和从而获得和保持快乐／"推开心理咨询室的门"编写组编著. -- 北京：中国纺织出版社有限公司，2024.6
ISBN 978-7-5229-1637-8

Ⅰ. ①接… Ⅱ. ①推… Ⅲ. ①心理学—通俗读物 Ⅳ. ①B84-49

中国国家版本馆CIP数据核字（2024）第070400号

责任编辑：张祎程　　责任校对：王蕙莹　　责任印制：储志伟

中国纺织出版社有限公司出版发行
地址：北京市朝阳区百子湾东里A407号楼　邮政编码：100124
销售电话：010—67004422　传真：010—87155801
http://www.c-textilep.com
中国纺织出版社天猫旗舰店
官方微博 http://weibo.com/2119887771
天津千鹤文化传播有限公司印刷　各地新华书店经销
2024年6月第1版第1次印刷
开本：880×1230　1/32　印张：7
字数：120千字　定价：49.80元

凡购本书，如有缺页、倒页、脱页，由本社图书营销中心调换

前 言

现代社会，凡事都向方便快捷的方向发展，无论是爱情、友情，还是工作、生活，人们总是行色匆匆。在这种生活状态下，人际关系、工作压力等繁杂的事情，使人们在不知不觉之间就会陷入各种各样的负面情绪，诸如烦恼、压抑和失落等。

其实，要想摆脱这种状态很简单，就是安静下来，好好审视自己，而最重要的是先学会接纳自己，只有这样，才能让纷乱心灵清零，也才能以真正自信的心态面对人生。一个人的信心并不取决于他自身拥有的力量和价值，而取决于自己对自己的认同。只有认同自己，才能找到自身的价值，并建立信心。

自我提升之门只能由内而外打开。进步的首要关键，也在于自我接纳，接纳自己这件事只有你自己才能完成，也是一个非得靠你才能解答的问题。谁能永久激励你？谁能让你不断成长？答案是你自己，别人只能帮你锦上添花而已！所以要获得成功，尤为重要的是首先要先研究、了解自己。自己才是自己的最佳导帅。

如何自我接纳？你是否需要一位心理学导师的指引？这就

是我们编写本书的目的。通过这本书，你会得到很多颠覆性的观点，也会清楚地认识到自己的哪些方面是可以改变的，哪些方面是无法改变而必须接受的。对于那些可以改变的行为，我们用积极的态度去改变；对于那些无法改变的事实，我们坦然接受，然后学习一些方法来应对，不让它们影响自己的生活和工作。只有这样，才是明智的自我提升方式。翻开本书，你会觉得仿佛在与一个温和而又亲切的长者交谈，它会让你的心灵归于宁静，让你重拾信心，让你彻底摆脱烦恼的纠缠，开启幸福的人生之旅。

编著者

2023年12月

目 录

第一章
感受世事变化，从容不迫，随遇而安
001

- 内心坦荡，堂堂正正为人　002
- 心态平和，低调为人处事　005
- 凡事顺其自然，不必急于求成　008
- 别为不值得的感情纠结　011

第二章
放下执念，放空心灵，方得自如人生
015

- 适时放手，感情需要松绑　016
- 有舍有得，失去是另一种收获　020
- 放下执念，才能释怀　025
- 顺其自然，你的心会更自由　029
- 安然自若，拿起与放下间不纠结　033

第三章
寄情自然，拥抱阳光，享受惬意人生
039

- 投身清新大自然，静心更容易　040
- 感受大自然的开阔，让心装满阳光　044
- 寄情自然，让心静下来　047
- 打造一个属于自己的惬意空间　051
- 呼吸自然的空气，聆听自然的声音　054

第四章

体悟真善美，心怀善心让你平和自在
059

赠人玫瑰，手有余香	060
帮助他人能体会安然的快乐	062
善良是一种大爱	065
心怀悲悯，心境更宽广	066
善良能让心平和安宁	069

第五章

清除心灵垃圾，除旧才能迎新
073

与己无关的事，不必纠结	074
学会释怀，不必为昨天的事懊悔	078
在读书或旅行中洗涤心灵	082
放宽心胸，小事不必烦恼	086

第六章

积累实力，虚怀若谷，低调谦逊
091

不卑不亢更易赢得尊重	092
虚怀若谷，欣然接纳他人的建议与批评	096
虚心请教，积累实力	100
给他人机会，也是给自己机会	104
你敬他人三分，他人敬你七分	108

第七章
修养身心，抵制诱惑，淡泊名利
113

诱惑处处有，摒弃贪念才能内心
安宁　　　　　　　　　　114
内心淡然，不为名利分心　　118
清心寡欲，悠然天地宽　　　122
淡泊明志，宁静致远　　　　126
告别虚荣，不被虚幻繁华扰乱脚步　130

第八章
静下心来面对艰难困苦，心灵因感恩而平静
135

遭遇艰难困苦，坦然面对　　136
微笑面对人生的每次波折　　140
历尽苦难，为成熟铺平道路　145
带着感恩的心生活　　　　　149
感恩苦难，拓展心灵宽度　　153

第九章
静心专注，方能提升自我
157

放空自己，让心静下来　　　158
静想——在专注中捕获灵性　162
运用静想，充实自身的灵性　165
学会独处，感受难得的静谧　168
调整呼吸，专注身心　　　　1/2

第十章
珍惜生活，感悟幸福人生
177

不必羡慕他人，适合自己的才是最好的	178
练就强大内心，不妄自菲薄	180
珍惜当下，戒掉抱怨	184
成人之美，为自己铺路	188
了解你的本性，成就属于你的人生	191

第十一章
治愈心灵，关键在于净化身心
197

健康饮食，净化身心	198
解除怀疑，信任造就健康感情	201
治愈自己，保持正能量	204
适当运动，在挥洒汗水中寻求心灵的释放	208
在真善美中找寻心灵健康的秘密	211

参考文献   **216**

第一章
感受世事变化，从容不迫，随遇而安

曾经有这样一副对联：宠辱不惊，看庭前花开花落；去留无意，望天上云卷云舒。这句话的意思是说，为人做事能视宠辱如花开花落般平常，才能不惊；视得失如云卷云舒般变幻，才能无意。短短几句话，却道出了人们对事对物应有的态度：得之不喜、失之不忧、宠辱不惊、去留无意。现代社会中的我们，也应该拥有这一饱经世事的心态，这样，面对外界种种变化与诱惑，我们才能心不痒，嘴不馋，手不伸，脚不动，荣辱不惊，去留淡然，白天知足常乐，夜晚睡眠安宁，走路步步稳健。总之，拥有一颗平常的心，能让我们拿捏好尺寸，把握住幸福。

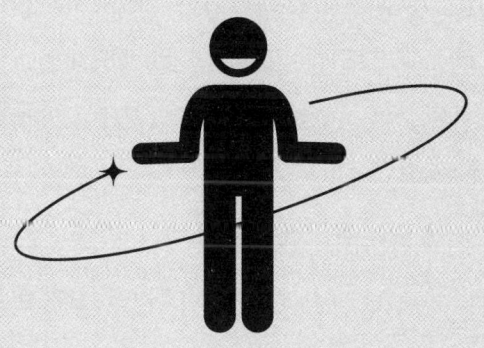

内心坦荡，堂堂正正为人

自古以来，中国人就把生活中的人分为两类，一类是君子，另一类是小人，并常常用"君子坦荡荡，小人长戚戚"来形容二者最为明显的区别。

那么到底什么是君子，什么是小人呢？关于他们的划分标准有很多，其中，是否正直、坦荡则是最重要的标准之一。当一个正直坦荡，让人尊敬有加的君子，便成为人们做人的最高奖赏。

普柏说："正直的人是神创造的最高尚的作品"。莎士比亚说："世上没有比正直更丰富的遗产"。在我国唐代，魏征因其正直谏言而被唐太宗誉为自己行为的一面镜子；科学家李四光不服定论，硬是在北纬四十度以上找到大庆油田，为国家立下赫赫功勋。可见，做一个正直的人不仅是个人发展的需要，更是社会进步的呼唤。

的确，做人要正直、做事要正派，堂堂正正，才是立身之本、处世之基。一个内心充满正气的人，自然坦坦荡荡，身正不怕影子斜；一个心术不正、故弄玄虚的人迟早会被人们揭穿，被周围的人厌弃。所以，做人一定要走得直，行得正，做得端，一定要问问自己是否正直、公道。在正直的人的心中，似乎有一种内在的平静，使他们能够经受住挫折甚至是不公平的待遇。

亚伯拉罕·林肯在参加1858年参议院竞选活动时，曾坚持要发表一次演讲，但这次演讲却可能对他的竞选有负面作用。为此，他的朋友劝他不要演讲。然而，林肯的态度是："如果命里注定我会因为这次讲话而落选的话，那么就让我伴随着真理落选吧！"他是坦然的。他确实落了选，但是两年之后，他就任了美国的总统。

许多年前，一位作家因为投资失误，损失了一大笔财产而陷入了经济困难，为此，他决定用以后赚取的每一分钱来还债。三年以后，他已经小有名气，为此，当地的一些媒体采取募捐的方式来帮助他结束这种折磨人的生活，许多名人、要人都慷慨解囊，但是他拒绝了，并把这些钱退还给了捐助人。几个月之后，他的新书一问世就轰动一时，使他偿还了所有剩余的债务。这位作家就是马克·吐温。

这就是正直的力量，它能给人带来很多好处，包括他人的信任和尊重。

那么，什么是正直呢？

所谓正，就是公正、正义、正气，为人光明磊落、不虚伪；直就是真实、坦率、豁达、直来直去、不拐弯抹角。在汉语里，正直其实是一个重叠词，表达的也是同一个意思，但就二者的生成顺序来看，是先有"正"而才有"直"的，只有正才不怕邪；没有正确、公正的直，只能叫作坦率、直肠子。

也许有人会说，行走于世久了，谁能真正做到不染世俗、一身正气？其实，这二者并不冲突。我们也不难发现，在我们生活的周围，就有这样一些人，他们饱经世事，但他们并没有因此变得圆滑、世俗，而是依旧秉持着正直坦荡的做人原则。

当然，生活中的诱惑太多，我们要做到正直、坦荡，就必须要做到以下几点。

首先，无论做人做事，我们都要问问自己的良知，以道德至上。

马丁·路德在他被判死刑时，对他的敌人说："去做任何违背良知的事，既谈不上安全稳妥，也谈不上谨慎明智。我坚持自己的立场；上帝会帮助我，我不能作其他的选择。"

另外，名誉感能监督我们的行为。伟大的弗兰克·劳埃德·赖特曾在美国建筑学院发表演说时说："什么是人的名誉呢？这就是要做一个正直的人。"弗兰克·劳埃特·赖特恰恰如此，他不愧为一个忠于自己做人标准的人。

可见，正直是人类的一种优秀品德，也是人类社会对个体性格的一种理想追求。正直同公正、善良、智慧、勇敢、诚实等人的高尚品德一样,一直受到赞赏和褒扬,并且成为当代社会思想道德建设的重要内容。

心态平和,低调为人处事

儒家的处事智慧始终要求中庸之道,与人交往,更要不卑不亢,不能一上台面就充大,妄自尊大,目中无人,但也不能卑躬屈膝,失了尊严。作为一个人,尤其是作为一个有才华的人,要做到不露锋芒,既有效地保护自我,又充分发挥自己的才华,这才是真正智慧的处世之道。要知道,没有人喜欢高调的人,低调行事,才能消除别人心中的芥蒂,让他人从心底接受我们。

所谓"花要半开,酒要半醉",即使你正处于人生的志得意满、踌躇满志之时,也不可趾高气扬,目空一切,不可一世。无论你有怎样出众的才智,也不要把自己看得太了不起,不能把自己看得太重要,需要收敛起你的锋芒,掩饰起你的才华,学会韬光养晦,争取更宽泛的人际关系。

郑庄公准备伐许。在出发前,他准备从全国将士中挑出一名先行者,于是,他在国都进行比赛。众人一看,表现自己的机会到了，于是，大家都准备一显身手。

第一个比赛项目是击剑格斗。格斗的武器是短剑，众将士都使出浑身解数，一时之间擂台上短剑飞舞。经过一轮厮杀，最后有6个人胜出。

接下来的比赛项目是比箭。比赛的选手自然是上一轮比赛中剩下的6个人。但这一项比赛也并不容易，这些人中，有的射中靶边，有的射中靶心。第5位上来射箭的是公孙子都。他武艺高强，年轻气盛，向来不把别人放在眼里。只见他搭弓上箭，3箭连中靶心。他昂着头，瞟了最后那位射手一眼，退下去了。

最后那位射手是个头发花白的老人，他就是颖考叔，曾劝庄公与母亲和解，郑庄公很看重他。只见颖考叔上前，不慌不忙，三箭射击，也连中靶心，与公孙子都射了个平手。

很明显，现在有2个胜出者，就必须再进行一轮角逐。庄公派人拉出一辆战车来，说："你们二人站在百步开外，同时来抢这部战车。谁抢到手，谁就是先行官。"

这时候，公孙子都很轻蔑地朝颖考叔看了一眼，他以为自己必定会赢，谁知，还没跑到一半就不小心跌了个跟头，等他抬头看时，颖考叔快到终点了，他只能认输，最后，颖考叔获得了先行官的职位。但经过这件事后，公孙子都就对颖考叔怀恨在心。

后来，在战争中，颖考叔果然不负庄公之望，在进攻许国都城时，手举大旗率先从云梯冲上许都城头。但就在这节骨眼上，公孙子都心里仇恨的火焰又被点燃了，于是，他竟然抽出箭来，搭弓瞄准城头上的颖考叔射去，一下子把颖考叔射了个"透心凉"，从城头栽下来。

俗话说："骄兵必败"，现代社会中的交际应酬也是如此，锋芒毕露的人容易被人当成"活靶子"，和颖考叔一样。我们要想在交际中保全自己，就要学会装傻，收起自己尖锐的性格棱角。中国历史上很多名人大将在战术战略上实有过人之处，但却因为功高盖主，成为别人的眼中钉、肉中刺，成为帝王将相的心病，最终被除之，不失为遗憾。

相反，我们生活的周围，总有一些人，他们确有真才实学，但却不懂得为人处世，让人觉得狂妄自大，因此别人很难接受他们的任何观点和建议。他们多半想表现自己，显示自己的优越感，但却常常适得其反。他们妄自尊大，高看自己、小看别人，总会引起别人的反感，最终在交往中使自己处于孤立无援的境地，失去在朋友中的威信，而那些谦让豁达的人总能赢得更多的朋友。

的确，你可以发现，那些工作出色、处处拿第一的人，似乎没有什么朋友，而那些能力一般的人周围似乎总是不缺朋友，其实也就是这个道理。因为每个人都不希望自己的朋友强于自己，让自己成为配角，而对于那些抢尽风头的人，他们一般会采取措施来排挤他。

低调做人是做人成熟的标志，是保护自己的一种策略，也是为人处世的一种基本素质。我们任何一个人都应该像向日葵一样，在成长的过程中，它们镶嵌着金黄色的花瓣，高昂着头，但一旦籽粒饱满，它们便会低下沉甸甸的头，因为它成熟了、充实了。

总之，在这个错综复杂、五彩缤纷的世界上，不同的人有不同的命运，有的人一生乐观豁达，与世无争，他们谦虚好学，平步青云，一路欢乐，让人赞扬和钦佩；而有的人则骄傲自满、处处受阻，最终导致郁郁寡欢，碌碌无为，抱恨终生，遭人非议、鄙视、唾弃。很明显，我们都愿意选择前者，其实，这两种人生境遇的差异，究其原因，是为人"调"的不同，低调做人是一种生存的大智慧，是一种韧性的技巧，是一种美德。

凡事顺其自然，不必急于求成

生活中，人们常说："心急吃不了热豆腐"，指做事不要急于求成，要踏实做事，才能水到渠成。的确，总是想着成功的人，往往很难成功；太想赢的人，往往不容易赢。欲速则不达，凡事不能急于求成。相反，以淡定的心态对之，处之，行之，以坚持恒久的姿态努力攀登，努力进取，成功的概率就会大大增加。

一位渴望成功的少年，他一心想早日成名，于是拜一位剑术高人为师。他问师傅要多久才能学成，师傅答曰："十年。"少年又问如果他全力以赴，夜以继日要多久。师傅回答："那就要三十年。"少年还不死心，问如果拼死修炼要多久，师傅回答："七十年。"

这里，少年学成并非真的要七十年，师傅之所以如此回答，是因为他看到了少年的心态。少年可谓是不惜一切想尽快成功，但没有平和的心态，势必会以失败告终。渴望成功、努力追求都没有错，但渴望一夜成名的心态反而会使人欲速则不达。

其实，不光是这个少年，在现实生活中，这些急功近利者也不鲜见，他们凡事追求速度，以至于经常还没开始做一件事时就结束了。他们急于求成，心态浮躁，往往忽略了做事的品质，甚至常把最简单、最普通的事做砸，何况富有挑战性的大事呢？

事实上，任何一种本领的获得、一个人生目标的达成都不是一蹴而就的，而是需要历经一个艰苦历练与奋斗的过程，正所谓"宝剑锋从磨砺出，梅花香自苦寒来"，我们做任何事，都不能忘了踏实的原则，只有一步一个脚印，才能打下坚实的基础。因此，任何急功近利的做法都是愚蠢的，急于求成的结果，只能适得其反，结果可能功亏一篑，落得一个拔苗助长的后果。

凡事顺其自然，并不仅仅是我们人生路上追逐成功、获得成长应该遵循的原则，更体现了一种随遇而安、不强求的超然。俗话说："强扭的瓜不甜，强求的事难成"，以淡定的心态面对，往往会水到渠成。

从前有一个富翁，他有一个很大的毛病，就是太过关注自己的健康问题。

一次，他的喉咙发炎了，这只不过是一个寻常的小毛病，但他却很紧张，他一定要找到一个最好的医生来为他诊治。

他花费了无数的金钱，让下人为自己找了全城最好的医生，后来，他觉得这些医生治不好自己，于是，他亲自去请其他地方的名医，因为他认为别的地方一定还有更好的医生，所以他不断地寻找。

直到有一天，他路过一个偏僻的小村庄，此时，他的扁桃体早已恶化成脓，病毒变得非常严重，必须马上开刀，否则性命难保。但是当地却没有一个医生，结果这个富翁居然因为一个小小的扁桃体发炎而一命呜呼！

一个小病居然要了富翁的命，这是为什么？因为他求好心切，太过在意自己的病而贻误了治疗的最佳时机。

事实上，任何事情的发展都是有规律的，人们的主观愿望与实际生活也总是有差距的。就像自然界的植物，它们的成长需要每天进行光合作用，需要接受甘露的灌溉，最终才能开花结果。生命的成长都是如此，千万不要违背规律，急于求成，否则就会欲速则不达。

因此，我们千万不可把自己的主观意愿强加于客观的现实中，应该学会随时调整主观愿望，缩小它与客观之间的差距。凡事顺其自然，确实至为重要。有些事情就是奇怪，你越努力渴求，它越迟迟不来，让你心急火燎、焦头烂额。终于，你等得不耐烦了，它却如从天降，给你个惊喜满怀。

孔子曰："无欲速，无见小利。欲速，则不达，见小利，则大事不成。"真正成大事者，都遵循自然的规律，遇事临危不乱、镇定自若。他们都有一份定力，这是一种有长远眼光的表现，只有凡事不急于求成，才能真正有所成就。

当然，顺其自然，不是一种消极避世的生活态度，而是站在更高层次来俯视生活的一种态度。

别为不值得的感情纠结

在中国古代，芍药一直代表着爱情，有如浪漫的山歌；有着"美丽动人""依依不舍,难舍难分"的花语,"将离草"的别称,彰显着悲剧结局的必然性。生活中,有太多如芍药般对爱情执着的人。然而,爱是一种那么模糊的东西,我们无法用具体的言语来形容,或许是她回头时的那一个眼神,或许是你杯子里热腾腾的绿茶,或许是爱人在你肩头的一个细微的抚摸,或许是深夜孤独时的美丽灯光,或许是你寂寞时节里的一个短信祝福……你可能说不明白爱到底是什么,但是它却在你的身边环绕着。爱情确实是世间最美好的东西,但相爱容易相守难,悲伤容易幸福难,为此,琼瑶才会执笔写下一幕幕辛酸。爱复杂而又简单,浑浊而又清澈,自私而又纯洁。当爱情不在时,请不要过于执着,就让它随风而逝吧。我们不妨先来看看一个女人的情感日记:

"现在我终于承认,一切都结束了,我也能坦然面对过去的这段感情了,这是一次感情的欺骗,其实我早就怀疑这份感情的真实程度,可一直以来,是我自己太傻,我认为自己是个值得爱的女人,我相信自己能留得住他。

或许很久之前,我就应该给自己一个了结过去的机会,我一直认为爱了就该珍惜,但现在却发现,这只不过是我给自己找的一个借口而已。我太无知了,这段时间精神恍惚,无心工作无心玩乐,今天终于可以放开纠结。

从今天开始,他长大了,也不用去爱了,因为不值得……看来朋友说得没错，我是遭受了太多的感情挫折，太孤独太没人疼爱，貌似坚强的外表下太脆弱的内心，才会深陷于眼前看似存在的其实漏洞百出的感情难以自拔。其实不是那么合适……我应该感到欣慰才是，今天我在内心告别的是一个不爱我的人，或者是一个不懂得珍惜爱的人，而被告别的则失去的是一个爱人。

是啊，我把感情放在了错误的人身上，到今天我彻底承认，一个不懂得珍惜的人，一个不懂得坚持的人，一个不懂得爱的真谛的人，一个不懂得顾念我的感受的人，一个不会牵挂和关爱的人根本不会懂爱情，跟这样的一个人谈感情是何等无知何等虚幻的一件事情。

别了，我的过去，那满是伤痕的过去，别了，我曾经希冀过的未来……"

是啊，一个根本不值得自己爱的人，一段不值得留恋的感情，为什么还要苦苦迷恋呢？

人们常说，爱要随缘，这并不是一句托词，而是告诫我们爱不能强求。相遇时四目相望的心灵悸动，再到后来上演的一段浪漫的爱情故事，甚至到最后的不得不擦肩而过，我们只能用缘来诠释。那么，对于爱情的离合聚散，我们也应该做到随缘，以"入世"的态度去耕耘，以"出世"的态度去收获，这就是随缘人生的最高境界。

生活中，很多人经常充当情感的导师，当周围的朋友遇到阻碍，即将放弃的时候，他们常常都会对他说坚持到底，坚持就是胜利等，但实际上，并不是所有的坚持都会等到最终的胜利，无谓的坚持就是执念，最后可能空欢喜一场。

所以，当爱情来临时，我们不要爱得盲目，也不要爱得愚痴，要爱得轻松，境由心生，越是轻松的心情才会越快乐。而当那份感情已经不值得你留恋时，也不要过于执着，任何失去自我的爱情都失去了爱原本的意义，要试着把自己的双手慢慢地放开。把双手放开时，才明白越是自然、越是随意的情感才会让人心情放松。

一个人失恋不可怕，可怕的是失去自己，以至于没有勇气重新开始生活。一个人因为爱而顾影自怜、每晚抽泣，那么最终，不仅不会收获爱，反而只会遭到别人的耻笑！

然而，不得不承认，生活中，很多人为爱迷失了自己，找不到自我，甘心付出很多，结果却是一败涂地。事实上，爱情的真实意义不是让一个人为另一个人牺牲，而是两个人共同付出，彼此幸福。你最需要的是从童话中走出来。

我们都是尘世中的人，都无法真正摆脱情缘，也逃不出爱与被爱的旋涡。心碎神伤后，是漫无止境的寂寞。或许真的会内心寂寞吧！但是细细体会寂寞后的洒脱，想想除他以外的快乐，想想再也不用为了猜测他的心思而绞尽脑汁，会不会轻舒一口气，感觉轻松一点？

第二章
放下执念，放空心灵，方得自如人生

人生就像一道加减法，拿起很重要，放下更重要。学会拿起，才能抓住机遇，充实自己的生命；学会放下，才能豁然开朗，使自己更加轻松地行走于人生之路。拿起是为了满足自己的欲望，放下则是使自己释怀的有用方法。放下是一种豁达，只有学会放下烦恼，放下琐碎，轻装上阵，我们的人生才会更加简单快乐。

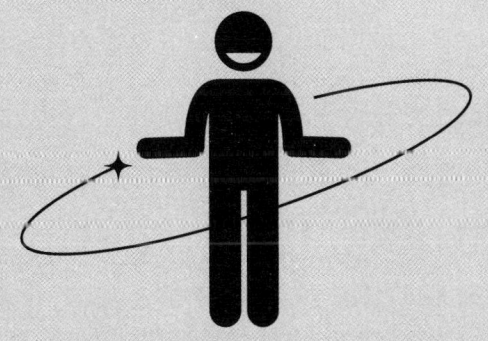

适时放手，感情需要松绑

人是感情动物，不管是谁，都免不了和感情打交道。在各种各样的感情中，尤其以爱情最为神奇。试想，彼此陌生的两个人，在完全不同的环境中生长了二三十年，然后，因一个偶然的机会相遇，自此，执子之手，与子偕老。原本两个毫不相干的人，要变成世界上两个最为亲近的人，相伴走过人生的漫漫长路，不离不弃，相依相偎。想一想，就觉得很神奇，更何况亲自去做，去感受呢？当然，并非大多数人都那么好运，能与一个人相识、相知、相恋、相互陪伴。虽然在这个世界上的确存在着一见钟情，但却是可遇而不可求的。大多数人在茫茫人海中彼此找寻，也许能够找到，也许一直找不到，也许刚开始的时候认定对方是自己要找的人，后来却发现找错了人。那么，应该怎么办呢？

最近，电视上接连报道关于年轻人谈恋爱因为分手而反目成仇的事情，甚至有个年轻人因为女友和自己分手，残忍地用硫酸毁了女友的容貌。就因为一时想不开，一个原本非常漂亮的女孩子下半生注定要与痛苦为伴，一个原本有着大好前途的男孩子下半生注定要在监牢里度过。尽管毁容的性质已经很恶劣了，但是情杀案件也不在少数。其实，人们常说，在这个世界上，离了谁，地球都照样转。的确，以父母为例，父母生了我们养育了我们，但是终有一天会离开我们。即使这样想一想，都会觉得心痛万分，但是如果那一天真的到来，即使伤心欲绝，还是要继续生活下去。更何况是男女朋友的关系呢？说到底，是因为人们的感情太脆弱了，不知道学会放手，为自己的感情松绑。很多时候，当你心里纠结一件事情的时候，伤害的不仅仅是对方，更是自己。

亚南和李强是大学同学。大四的时候，他们开始谈恋爱，毕业三年之后，他们像大多数人一样结婚生子。按理说，大学时培养的感情应该是非常稳固的，但是，当两人的婚姻步入第七年，也许是因为厌倦，李强出轨了。得知这件事情的时候，亚南先是不相信李强居然会出轨，而后也渐渐地接受了这个事实，但是，随之而来的便是愤恨。结婚第三年，亚南生了宝宝。为了好好地养育孩子，解决李强的后顾之忧，亚南义无反顾地辞职了，专心在家相夫教子。时至今日，亚南后悔不已，为什么自己做出了那么大的牺牲，李强却毫不念及自己对这个家庭的付出。亚南为了家庭牺牲了事业，李强却在事业小有成就之后冷漠无情地投入了别的女人的怀抱。一想起这一点，亚南就恨得牙根直痒。为此，亚南变了，原本那个温柔贤淑的她不见了。她抱着三岁的儿子，去李强的单位闹，闹得人尽皆知。她还发动所有的亲戚朋友都去骂那个所谓的"狐狸精"，并且还找人打了她一顿。渐渐地，连亲朋好友都劝亚南要冷静，不要为了不值得的人毁了自己的生活，毕竟，生活还要继续下去。但是，亚南仍然咽不下这口气。突然有一天，儿子用稚嫩的声音说："妈妈，咱们把那个狐狸精杀了吧！"听到这句话，亚南不由得倒吸了一口冷气。儿子只有三岁多啊，原本在他的眼中，世界应该是美好的啊，但是，现在儿子却说出了这样的话。经过三天三夜的反思，亚南知道是自己把仇恨种在了儿子的心里。因为一个自轻自贱的女人，她失去了丈夫，迷失了自己，如果再搭上年幼的儿子，那么，她就彻底地被打败了。经过这次反思，周围的朋友惊讶地发现亚南变了，又变回了以前温柔娴静的模样，她冷静理智地和李强离婚了。离婚之后，亚南把孩子送去了幼儿园，自己重新找到了工作，自信地开启了新生活。

不难想象，假如亚南继续因为一个勾引别人老公的小三和冷漠无情抛弃妻子的李强而歇斯底里，那么，最终她不仅会变得连自己都不认识，而且会给儿子幼小的心灵带来恶劣的影响，甚至影响孩子的一生。幸运的是，亚南及时反思自己，找回了自己，也使儿子恢复了美好宁静的生活。我们必须相信，亚南解开了自己的心结，为自己的感情松了绑，虽然成全了那对为人所不齿的男女，但是，却更大地成全了自己，保护了儿子。我们有理由相信，反思之后的亚南一定会好好地生活下去，照顾好儿子，也开始自己全新的人生。

感情就像一把双刃剑，在伤害对方的同时也伤害了自己，如果因为一时的愤怒就使用这把剑，必将两败俱伤。因此，理智的女人不会为了惩治对方而搭上自己，因为这样做根本不值得。所以，理智的女人会选择给自己的感情松绑，放手，开始自己新的生活。莎士比亚说："即使再美好的东西，也有失去的一天；即使再深刻的记忆，也有淡忘的一天；即使再深爱的人，也有走远的一天；即使再美好的梦，也有苏醒的一天。"所以，该珍惜的决不放手，该放弃的决不挽留。分手后，相爱的人只能选择忘记，而不可以做朋友，因为彼此伤害过！同样的道理，也不可以做敌人，因为彼此深爱过。

不是所有人的感情都能够地久天长。很多人都是彼此生命的过客，来了，走了，近了，远了，最终消失在视线之外。这是一种心痛，也是一种无奈。假如不快乐、不幸福，那就选择义无反顾地放手吧！假如放不下、舍不得，那就必须承受痛苦！不了解一个人，还可以爱他；不爱一个人，还可以想念他；即使不想念一个人，也可以远远地观望他，或者在无意之间淡淡地想起他。在我们的生命中，很多人只是匆匆行走的过客，与你淡淡地交谈几句，彼此相望，然后一去不返。如果是这样，又何须挽留，最好的选择就是放手，给对方自由，也放自己一条生路！

有舍有得，失去是另一种收获

悲观的人认为生活就是一种失去，失去了时间，失去了童年，失去了幼稚，失去了天真，失去了亲人，直到失去自己的生命。细想起来，这是一个非常令人恐惧的过程。面对失去，人们总是非常脆弱，不敢直面失去，检视失去，而是情绪低落颓唐地一再逃避。乐观的人认为生活就是一种获得，获得了生命，获得了成长，获得了成熟，获得了理智，获得了新的生命，直至获得彻底的解脱。这样想来，生命未免显得过于美好了，我们总是在不停地获得很多珍贵的东西，人生因此而变得充盈丰满，丰富多彩。把悲观的看法与乐观的看法结合起来，不难发现，生活其实就在得失之间。上帝在关闭一扇门的时候，必将为你打开一扇窗。这也就是人们平时所说的有失必有得。很多时候，我们在不知不觉之间扩大了失去带来的负面情绪，因此而缩小了自己的获得，甚至还有些人彻底遗忘了在失去之后的获得。倘若换一个角度看待得失，生命就会更加美好。虽然我们失去了时间，但是我们获得了生命；虽然我们失去了童年，但是我们获得了成长；虽然我们失去了天真，但是我们获得了理智；虽然我们失去了幼稚，但是我们获得了成熟；虽然我们失去了亲人，但是我们获得了新的生命；虽然我们失去了生命，但是我们获得了彻底的解脱。生命正是在这样的轮回之中流转着，既有失去，也有获得；既有痛苦，也伴随着快乐。

为了赢得匈奴和西汉的持久和平，王昭君背井离乡，远嫁匈奴。王昭君的博大情怀，博得了无数文人墨客的赞誉，更有很多人为此写下了千古流传的名篇佳作，让历史永远地记住王昭君的自我牺牲精神。在封建社会，作为一个柔弱的女子，王昭君大胆地选择了自己的命运，告别自己的亲人和故土，义无反顾地把根扎在了茫茫的高原草地之上。对于王昭君来说，千里迢迢路漫漫，一旦离开故土和亲人，几乎就意味着永别，一个柔弱的女子肩负着两国交好的使命，到一个全然陌生的环境中生活，其中的辛酸和艰难是不言而喻的。因此，对于王昭君来说，这毫无疑问是痛心的失去，但是，对于西汉来说，她的牺牲带来的却是几十年的和平和老百姓安康富足的生活。因此，从这个意义上来说，这是一种极大的收获，不仅使两国的老百姓免受征战之苦，也使两国保持了几十年的交好。可以说，两国人民之所以能够享受几十年平等友善的生活，正是因为有了王昭君的失去和离别。因此，人们无一不赞美王昭君，给予她无限的殊荣和光环。站在历史的角度去看，王昭君用个人的失去换取了国家的获得，换取了所有老百姓的获得。

朱莉是一个多愁善感的小女孩，平时喜欢写诗，多少有一些诗人的忧郁气质。前几天她刚过完21岁生日，她非常伤心，并没有因为自己渐渐地走向成熟感到欣慰，而是异常沮丧，觉得自己永远地失去了21岁。晚上，朱莉给朋友打电话诉说自己的忧愁，还没有开口，就已经泣不成声了。朋友还以为出了什么大事，赶紧询问缘由。想不到，朱莉在自顾自地哭了半天之后才异常悲痛地说："我永远地失去了自己的21岁。"

听到这里，朋友哑然失笑，安慰她说："每个人都要成长，从婴儿到幼儿，从幼儿到儿童，从儿童到少年，从少年到青年，从青年到中年……就这样，一直走向生命的终结。但是，在此过程中，我们一定能够享受到很多生命的美好。虽然你失去了自己的21岁，但是你却迎来了自己唯一的22岁。"过了一段时间，朱莉和朋友见面的时候，朋友提起她为了失去21岁打电话痛哭的事情，朱莉情不自禁地咯咯笑了起来。她告诉朋友："其实，我现在发现22岁也挺好的。"朋友追问她如今怎样看待当初的事，朱莉告诉朋友，其实失去也是一种获得。

在生活中，每个人都难免要经历聚散离合。自古以来，文人墨客们以离别为题材写了很多经久流传的佳话。其中，王昭君的离别被人们赋予了最多的光辉色彩。辽阔的草原，凛冽的寒风，和王昭君柔弱的眺望故乡的身影，让人不禁动容。毫无疑问，王昭君的一生都是在思念之中度过的，思念自己的亲人，思念故土。与此同时，王昭君的一生也是在欣慰之中度过的，她欣慰自己的失去换来了国家的安宁，换回来亲人和父老乡亲的安乐生活。因此，王昭君的失去也是一种获得。而朱莉的21岁，则是一个多愁善感的小女孩子的忧郁：虽然失去了21岁，但是却迎来了生命中独一无二的22岁。生命是无可逆转的，我们无须为失去徒然悲伤，而是要好好地把握生命的每一个时刻。有人曾经说过，假如你因为错过太阳而哭泣，那么你也将错过群星。既然如此，那就好好珍惜看星星的机会吧，也许你会发现别样的美丽。

现代社会，人们对生活的要求越来越高，对物质的追求也越来越强烈，因此，人们在利益面前迷失了自己，失去了人生的方向。很多人为了追求金钱、名誉、权利，丧失了做人的原则，贪心不足地追求个人利益最大化。一位学者说："当一个人走上了追逐名利的道路，就意味着他已经走上了一条不归之路。"想想那些走进高墙铁网的贪官们，事实的确如此。这些贪官为了追求物质的享受，失去了生命的自由，失去了国家的信任和人民的爱戴，失去了曾经拥有的一切。如果说失去是一种得到，那么，他们的得到则是一种更大的失去。但是，在进入高墙之中，在失去自由之中，他们终于有机会静下心来想一想自己的人生，想一想自己活着的意义，是失去还是获得，是获得还是失去？其实全在于自己的内心。

很多时候，人生难免会失去一些东西。要想在失去中得到收获，我们就要坦然地面对失去，保持积极乐观的生活态度，执着地追求自己想要的生活。其实，凡事都应该一分为二地看待，因为凡事都有好的一面和坏的一面，换言之，既有得到的一面，也有失去的一面。在得到一些东西的时候，我们总会付出一些代价，在失去一些东西的时候，我们或多或少会有一些收获。需要注意的是，要想在失去的时候得到收获，有一个必要的前提条件，即不要将目光总是滞留在消极的一面，而是要使自己变得积极乐观。总而言之，失去并不像我们想的那么令人恐惧，失去其实是令人愉悦的，正是因为失去，我们才会拥有更多。倘若有一天，当你面对失去时，如获得般喜悦，那么你就真正领悟了失去的意义。

在《基督山伯爵》中有这样一句话：我原本以为我赢得了整个天堂，但是，我其实是失去了整个天堂。假如把这句话反过来想想，我们完全可以这么说：我原本以为我失去了整个天堂，但是，我其实是赢得了整个天堂。

放下执念，才能释怀

我们都知道，执着是一种良好的品质，是认准了一个目标不再犹豫坚持去执行，无论在前进中会遇到任何障碍，都决不后退，努力再努力，直至目标实现，因此，执着一向被人公认为一种美德。然而，过分执着就变成了固执，这是一种弊病。固执的人之所以固执，是因为他们对于自己要做的事心存执念，他们认准了目标便不再回头，撞了南墙也不改变初衷，直至精疲力竭。因此，有时候，要想重新审视自己的行为去复盘人生，你就必须首先放下那些无谓的执念。学会放下，我们才能释怀。在《郁离子》里有一个故事：

一个年轻人走在路上时，遇到了一位年长者，年长者泪眼婆娑。年轻人感到很好奇，便上前去问："老人家，您为什么会这么悲伤啊？"

老人抬了抬头，然后诉苦："我真是命苦啊。少年时，我听说国王喜欢与武者为友，于是我便拜了一位武者为师，可是当我学成之后，这个皇帝已经驾崩了。后来，我又听说新皇帝喜欢与文人交往，于是，我又拜了个秀才为师，然而，待我学成后，皇帝又喜欢与少者为友，而我那时已两鬓斑白。就这样，我最后一事无成。现在我走在街上，忽然想起了这些经历，所以才在此痛哭啊！"

接纳
内心平和从而获得和保持快乐

这位老者文武俱通,不可不谓是个人才,但他却不懂得放下,因此到最后一事无成。事实上,人的生命毕竟是有限的,有时候,我们对于成功实现某些目标的执念也都是幻想,是不可能实现的,如果你把你毕生的时间都花在了坚持那些无谓的执念上,那么,当你年迈之时,只能悔之晚矣,而学会放下那些执念,你才可能迎来新的人生。

人的一生,不可能什么都得到,相反,有太多的东西需要我们放弃。爱情中,强扭的瓜不甜,放手的爱也是一种美;生意场上,放下对利益的无止境的掠夺,得到的是坦然和安心;在仕途中,放弃对权力的追逐,随遇而安,获得的是一份淡泊与宁静。

古人云:无欲则刚。真正放下,才是一种大智慧、一种境界。因为不属于我们的东西实在是太多了,只有学会放弃,才能给心灵一个松绑的机会。表面上看,放下了就意味着失去,所以是痛苦的,然而,如果你什么都想要,什么都不想放下,那么,最终你什么都得不到。人生苦短,无非几十年,有所得也就必有所失。只有我们学会了放弃,才会拥有一份成熟,才会活得坦然、充实和轻松。

从前,有甲乙两个人,他们生活得十分窘迫,但两人关系却很要好,经常一起上山打柴。

这天,他们和以往一样上了山,走到半路,却发现了两大包棉花。这对于他们来说，可以说是一大笔意外之财，可供家人一个月衣食丰足。当下，两人各自背了一包棉花，赶路回家。

在回家的路上，甲眼前一亮，原来他发现了一大捆上好的棉布，甲告诉乙，这捆棉布可以换更多的钱，可以买到更多的粮食，应该换作背棉布。而乙却不这么认为，他说，棉花已经背了这么久，不能就这么放弃了，乙不听甲的话，甲只好自己背棉布回家。

他们又走了一段路，甲突然望见林中闪闪发光，走近一看，原来是几坛黄金，他高兴极了，心想这下全家的日子不用愁了，于是，他赶紧放下肩上的布匹，拿起一个粗棍子挑起黄金。而此时，乙仍然不愿丢下棉花，并且他还告诫甲，这可能是个陷阱，还是不要上当了。

甲不听乙的劝告，自己挑着黄金和乙一起赶路回家。走到山下时，天居然下起了瓢泼大雨，两人都湿透了。乙更是叫苦连天，因为他身上背的棉花吸足了雨水，变得异常沉重，乙不得已，只能丢下一路辛苦舍不得放弃的棉花，空着手和挑黄金的甲回家了。

故事中的这两位村民为什么在收获上会有如此的不同？很简单，因为背棉花的村民不懂变通，只凭一套哲学，便欲强渡人生所有的关卡。而另外一位村民则善于及时审视自己的行为。的确，在追求目标的路上，要审慎地运用智慧，作最正确的判断，选择属于你的正确方向。同时，别忘了随时检视自己选择的角度是否出现偏差，适时地进行调整，千万不能像背棉花的村民一般，太过在乎自己执着的意念是否与成功的法则相抵触。追求成功，并不意味着你必须全盘放弃自己的执着，去迁就成功的法则。你只需在意念上作合理的修正，使之契合成功者的经验及建议，就有可能走上成功的轻松之道。

俗话说，拿得起，放得下；反过来理解放得下的人，才能拿得起；该扔的扔，有些无谓的坚持是没有任何意义的。放下既是一种理性的决策，也是一种豁达的心胸。当你学会了放下，你就会觉得，人生之路变宽广很多。

其实，生活中的我们也应该想一想，我们是否因心怀执念而让自己钻入了死胡同。坚持多一点就变成了执着，执着再多一点就变成了固执。人应该执着，但不应该错误地坚持一种想法，有时候，你可能没意识到，你坚持的想法是虚妄的。因此，我们应当学会放下，找到新的出路，重新审视自己的生活。

古人云，鱼和熊掌不能兼得。如果不是我们该拥有的，那么我们就得学会放下。人生注定要经历多姿多彩的风景，唯有放下能为人生旅程增添别致的风韵。过去常听人说，人要懂得放弃。放弃是对事物的完全释怀，是一种高妙的人生境界。而放下则更具有丝丝缕缕的难舍情怀，是一首悠扬的乐曲，在每个人的心底奏起。

总之，在我们的人生中，执着固然是可取的，但是某些执念必须放下，比如，那些已经被得知的或者求证、板上钉钉儿的不可能成为现实的目标，你就必须果断地放弃；在现实世界中完全不能被应用的目标，你也必须理智地放弃；权衡利弊之下，得出的结论是完全没有实施必要的目标，你也必须放下……

顺其自然，你的心会更自由

面对生活，人们之所以痛苦、纠结，就是因为想要的太多，或者求之不得，或者得到了却放不下。其实，人生的很多东西都是强求不来的，诸如感情、缘分，甚至包括很多身外之物。很多时候，人们常说，只要努力了，就一定会有回报。其实，即使努力了，也不一定会有回报，如果说有，那么，回报就是让你因为曾经努力争取过而了无遗憾。现代社会，人们奢求的越来越多。贫穷的时候，想解决温饱问题；一旦解决了温饱问题，就想拥有属于自己的房子、车子；有了自己的房子、车子，又想着换大房子、买好车子……总而言之，人的欲望是无止境的，如果成了欲望的奴隶，被欲望驱使着无止无休地拼命往前奔，就会觉得活着很累，永远没有停歇下来的时候。遗憾的是，很多时候，即使积劳成疾了，也未必能够如愿。那么，我们不如及早反思，自己想要的是什么？哪些东西是通过努力能够得到的？哪些东西是永远也不可能得到的？哪些东西是即使得到了也得不偿失的？

其实，现在的人之所以觉得压力越来越大，负担越来越重，就因为不懂得舍弃。毫无疑问，每个人都喜欢住大房子、开好车，都想有一个漂亮的女朋友，还想拥有一份地久天长的爱情……总而言之，每个人都想拥有尽可能多的东西。遗憾的是，人不是万能的神，即使欲望再多，也不可能一一实现，因为人的承受能力是有限的。既然如此，为什么不减轻自己的压力，降低自己的欲望，让自己开心地生活？

也许有人会反驳，我当然想每天都无忧无虑地生活，但是现实不允许呀！在这么大的生活压力之下，怎么可能开心起来呢？其实，生活的要求很简单，复杂的是我们的内心。每个人都有权利主宰自己的生活，你完全可以决定是平平淡淡地度过一生，还是轰轰烈烈地度过一生，你可以选择一粥一饭的简单生活，也可以选择香车美女的奢华享受。你想过什么样的生活，完全取决于你的态度。人生没有统一的标准，每个人都有自主选择的权利，无论昨天你经历了什么，为了给自己减负，你都应该及时地放下，而选择关注当下。只有拿起今天，放下昨天，才能让心灵得到真正的自由。在生活中，很多人喜欢攀比，但恰恰是攀比扰乱了你的内心。假如可以过得很幸福、快乐，为什么要无谓地和别人攀比呢？除了扰乱内心、徒增烦恼之外，攀比没有任何好处。因此，要想让自己的心灵宁静自由，就应该淡定地坚守自己的幸福，不要盲目地与别人攀比。

赵岩离婚了，得知这个消息后，同事们都大吃一惊。在同事们眼中，赵岩是一个幸福的女人。赵岩的老公是医生，工作非常稳定，而且为人谦和，发表了很多学术论文，在医学领域颇有建树。去年，医院分给他们两室一厅的房子，距离单位很近，上班特别方便，步行只要15分钟就够了。他们俩有一个女儿，上小学二年级，非常乖巧，而且学习成绩也很好。赵岩为什么离婚呢？这可是打着灯笼都难找的好老公啊！

后来，同学们才渐渐地了解了赵岩离婚的原因。原来，赵岩老公所在的医院正在竞聘副院长。看到院长住着三室一厅的大房子，出入都有奥迪接送，赵岩火急火燎地撺掇老公参加竞聘。但是，赵岩老公喜欢潜心做学问，根本不喜欢涉足官场，因此很不乐意参加竞聘。但拗不过赵岩的坚持，她的老公还是参加了竞聘。可是，因为没有管理方面的经验，而且自己主要想在学术方面有所建树，所以赵岩老公没有竞聘成功，反而是一个学术方面不如他的主任竞聘成功了。因为这件事情，赵岩整天和老公吵，说她的老公没有本事，连个副院长都没有当上。被逼急了，赵岩的老公最终提出了离婚，并且主动把家里的所有财产都给了赵岩。

其实，赵岩并不想离婚，只是一时生气而已。离婚之后，赵岩想了很多，一旦失去了家庭，她觉得即使再大的房子、再好的车子也都失去了意义。事已至此，她才意识到自己之前的想法是多么幼稚。在离婚一年多的时间里，赵岩终于知道了自己真正需要的是什么。为此，她主动找老公承认错误，请求老公的原谅，希望老公能够和自己复婚，给女儿一个完整的家庭。赵岩的老公也不想离婚，只是觉得在赵岩的压力之下，自己生活得太累了。经过赵岩的恳请，他们又相处了一段时间，他发现赵岩真的想明白了生活中最重要的是什么。因此，他选择了和赵岩复婚。复婚之后，赵岩非常珍惜自己所拥有的生活，再也不想着让老公当官、分大房子、坐好车子了。因为彻底想开了，赵岩变得非常知足，心境平和，再也不急功近利了。现在的她总是说只要家人健康平安，就是最大的幸福。

每个人都应该意识到，人的欲望是无止境的，因此，我们要认清生活的意义，合理地控制自己的欲望。一旦你知道自己真正想要的是什么，就不会被无休无止的欲望所驱使。就像赵岩，正是因为经历了失去，所以她才知道对自己而言最重要的是什么。在生活中，总是有一些东西是我们未曾拥有的，该争取的我们要去争取，但是，如果不是生活所必需的，真的没有必要强求，因为勉强只会让心很累。人们常说，不如意事十有八九。其实，只要我们降低自己的欲望与期待，顺其自然，不要强求，就会发现心变得更加安静，更加自由。生活也会因此变得很简单，我们会更容易就获得幸福的感受。

安然自若，拿起与放下间不纠结

园艺家说："人生是一道加法。就像一棵树，开始的时候只是一粒小小的种子，把它种在土壤中，给它浇水、施肥，就长出了苗；再开枝散叶、开花结果，就有了属于自己的一片绿荫，一份硕果累累的收获。"对此，雕塑家却有不同的看法。雕塑家说："人生是一道减法。譬如一块从野外采来的天然巨石，要想让它成为一尊供世人欣赏的雕塑，就需要反复地雕琢，减掉所有多余的部分。"其实，园艺家和雕塑家所说的未免都有失偏颇，凡夫俗子的我们，有的人可能在做着人生的加法，而有的人则在做着人生的减法。

对于所有的人而言，当来到人世间的时候，我们都是赤裸裸的，所有的东西都处于"零"的状态。随着不断地成长，我们渐渐地有了很多需求，诸如亲情、友情、爱情、恩情等。只有拥有了这些东西，我们的人生才会变得更加丰富，更加精彩，生命也会因此而变得愈发健康和充实。

人生就像一个天平，只有保持平衡，才能更加平稳。那么，这就要求我们必须学会接纳和承受。不过，需要注意的是，当人生的天平增加到一定重量的时候，我们还要学会为过于沉重的人生减负。至此，我们就需要用到人生的减法。减去什么呢？减去那些使我们不堪重负的东西，诸如欲望、烦恼、斤斤计较等。在漫长的人生道路上，只有"有所为，有所不为"，适当为自己减轻压力和负累，才能使自己的人生变得更富活力，才能使自己的生命显得更加轻盈，才能不断地提升自己的人生境界。如果你真的参透了人生，你就会发现，"想开，看透；听明，做到；拿起，放下"是人生的至高境界。其中，尤其以拿起与放下最为重要。要想拥有豁达的人生，就要做到：拿起，不抱怨，心怀感恩；放下，不后悔，敢于担当。

1999年，科大讯飞公司总裁刘庆峰正在中科大攻读博士学位。那时，他就开始着手创办自己的企业——科大讯飞公司。其实，当时的刘庆峰也面临着两难的选择，到底是留在国内创业，还是选择像大多数同学那样出国留学，刘庆峰为此纠结了很长时间，因为他知道这必将成为他人生的一个转折点。

最终，刘庆峰还是选择留在国内自主创业，并且把自己的大方向定位在开发智能语音技术。那时，国内语音专业优秀的毕业生大多数都选择去国外发展，而且中文语音产业也基本上被国外公司所控制，但是刘庆峰非常确定，智能语音技术不仅能在民族语言国际推广、军事等国家核心价值领域发挥重要的作用，而且必将拥有广阔的产业前景和发展空间。他心中有一个坚定不移的信念："中国人必须做好中文语音技术，中文语音产业必须掌握在中国人自己的手中。"

至今为止，刘庆峰回首自己的创业历程，仍不胜感慨。凭着脚踏实地而又充满激情的作风，科大讯飞从一个默默无闻的小企业，发展成为如今我国语音产业唯一的"国家863计划成果产业化基地"。在历次国内、国际权威评比中，科大讯飞研制的中文语音合成技术均名列第一，不仅占据了中文语音主流市场高达80%的份额，而且在中文语音核心技术上牢牢控制了制高点。此外，科大讯飞还代表国家牵头制定中文语音标准，彻底改变了中文语音产业完全由国外IT巨头控制的局面。2005年年底，科大讯飞荣获中国信息产业自主创新最高奖励"国家信息产业重大技术发明奖"，被业界公认为"语音产业国家队"。

回首刘庆峰的创业历程，他之所以能够获得成功，正是因为在作出选择的时候能够拿得起，放得下。虽然创业的历程充满艰辛，但是既然选择了，他就不抱怨、不后悔，全心全意、坚定不移地带领自己的团队战胜艰难险阻，最终走向成功。

对于大多数人来说，生活之所以显得太琐碎，正是因为不具备拿得起、放得下的能力。从某种意义上来说，与其说放下是一种能力，还不如说放下是一种胸怀。很多时候，只有智者才拥有这种胸怀。有些人没有修炼到豁然大观的境界，因此选择无奈地"放"，放得心不甘情不愿，藕断丝连。有些人则相反，能够释然地"放"，这种放是一种发自内心的选择，是一种真正的放、彻底的放，放得毫无牵挂，无怨无悔。迫于无奈的放，通常放得很抑郁，这是因为内心里并没有真正放下，所以往往会成为人生苦涩的记忆。真正释然的放，就会放得很彻底，放得从容，放得洒脱，常常能够成为人生美好的留念。无论是哪种放，该放的时候都应该洒脱放下。只有放下烦恼，才能拥有快乐的人生，只有放下斤斤计较，才能拥有宽容大度的人生，只有放下欲望，才能拥有知足的人生，只有放下纠结，才能拥有淡定自如的人生。总而言之，拿不起，放不下，就会失去信心和希望，人生也将因此而变得灰暗；反之，拿得起，放得下，就能够从容自在、收放自如，人生也将变得更加豁达大度。对于我们来说，大多数时间都会面临着一些或大或小的选择，最大的挑战是拿得起，最大的安慰是放得下。拿得起是智慧,放得下是醒悟;拿得起是勇气,放得下是豁达;拿得起是幸福,放得下是快乐。只有顺其自然,在该拿起的时候拿起,在该放下的时候放下,人生才会更加从容淡定!

第三章
寄情自然，拥抱阳光，享受惬意人生

大自然是神奇的，充满着人类所未知的力量。古人讲究天人合一，也正是想从大自然中汲取万物之精华。现代社会，生活节奏越来越快，人际关系也越来越复杂，处处充满了诱惑，使人心神不宁，那么，怎样才能静心呢？其实答案很简单，如果你能够全身心地投入自然，拥抱阳光，就能够汲取自然的力量，坚定不移地追求人生至真至善至美的至高境界。记住，自然，是最好的静心空间。

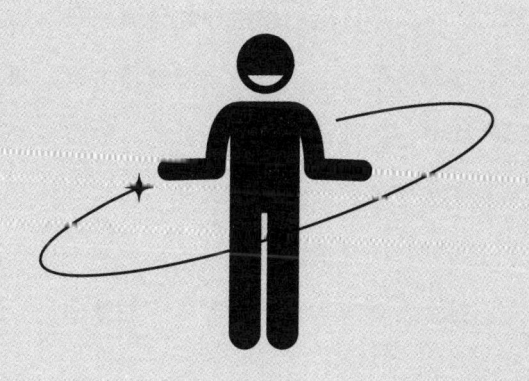

投身清新大自然，静心更容易

巴金在《海上的日出》一文中，描写了日出的景色，真是字字珠玑："天空变成了浅蓝色，很浅很浅的；转眼间，天边出现了一道红霞，慢慢儿扩大了它的范围，加强了它的光亮。我知道太阳要从那天际升起来了，便目不转睛地望着那里。果然，过了一会儿，在那里就出现了太阳的一小半，红是红得很，却没有光亮。这太阳像负着什么重担似的，慢慢儿一步一步地、努力向上面升起来，到了最后，终于冲破了云霞完全跳出了海面。那颜色真红得可爱。一刹那间，这深红的东西，忽然发出了夺目的光亮，射得人眼睛发痛，同时附近的云也着了光彩。"其实，不仅是日出的景色如此美丽，日落的景色也别有情趣。在远处的地平线上，一轮太阳即将落下，西天的晚霞挥动着绚丽的纱巾，把地球变成了金黄色。放眼望去，遍地的小草都镀上了一层金黄色，晚风吹来，一枝枝狗尾草在风中摇曳，摇响了一曲黄昏的抒情曲。远处，出现了一排排白色的小木屋，使人觉得恍若置身于童话世界中，如梦似幻，既精致，又美丽。很多时候，不管是在电影中，还是在电视节目中，我们经常看到有得道的高人在日出或者日落的时候迎着太阳练功，或者坐禅，仿佛以这种形式更能够实现天人合一。的确，很多时候，人与自然之间有一种神秘的关系，能够产生一种巨大的能量。其实，不仅仅是日出和日落，自然界还有很多积聚万物精气的现象，只要我们能够全身心地融入自然界的清新状态，就会很容易静下心来。

所谓静心，顾名思义，就是要把心静下来，不为万物所动，完全沉浸在自己的内心世界，全然专注自己的身心。说到静心，很多人会联想到坐禅、法门、祈祷、静想之类的形式。其实，静心与打坐的目的是一样的，不过，静心有许多种方式，而打坐只是静心的方式之一。在生活中，每个人都忙忙碌碌，而静心能够帮助人们洗涤、扫除压力的灰尘，放松人们紧张的情绪，舒缓人们匆忙的步履。当工作压力巨大的时候，当事情堆积如山的时候，要想在生活和工作之间保持平衡，使自己充满快乐，我们就需要清明透彻的智慧，而静心则能够帮助人们获得这种智慧。其实，即使工作的压力不大，静心对于生活的平衡也是极有好处的。静心能够协助你开发更深层的自我疗愈功能，在沉淀而安稳的空间中，使你的身心彻底放松、脱离束缚，使你的生命秩序井然、淡定自若，从而使你的人生变得更加健康、清醒、舒适、自然。

> 接纳
> 内心平和从而获得和保持快乐

很多时候，静心的状态就宛如自然界的很多情景，因此，倘若你能够融入自然界的清新之中，就能够更快、更好地达到静心的目的。这份静，就像是夏日午后的草原上，微风摩挲着如茵的绿草，树叶在微风中沙沙作响，鸟儿在枝头清脆地吟唱，自由自在地飞来飞去，一弯小溪浅浅地流淌着，清澈见底，鱼儿摇曳着尾巴欢快游玩，人的心也浸润着清凉，舒爽而宁静。静心，也像是在天空中布满繁星的夜晚，一轮皎洁的明月高高悬挂，无声地倒映在平静的湖水上，清凉透明的黑暗，无垠的空间；在这种情境之中，人的心也像一轮明月似的，澄澈清明地体现这份宁静。假如在静心的时候需要一个目标来推动我们前进，那么，这种可贵的境界就是静心的最终目的——一种极致的喜悦和安然。只要一个人能够达到这种境界，就能不再被身外之物困扰，不管是金钱权势，还是房子汽车，统统都是浮云。

有一段时间，张敏的内心非常困惑，看着身边的女同事一个个都买了房子、车子，而自己和老公、女儿还挤在狭小的出租屋里，张敏心急如焚。尽管老公多次劝说她少安毋躁，要慢慢地改善经济条件，但是张敏仍然因为这个问题经常和老公争执不休。结婚的时候，张敏丝毫没有嫌弃老公很贫穷，反而义无反顾地嫁给了他，希望两个人能够用双手创造美好的生活。然而现在女儿三岁了，张敏反而沉不住气了，每天，她最害怕听到的就是同事们说谁谁买房了、谁谁买车了诸如此类的话题。就这样，张敏心中的怨气越来越大，她总是抱怨老公没有能力，因此总是和老公吵架。时间长了，他们的女儿的情绪也变得很不安，以前经常挂在脸上的笑容不见了，取而代之的是与年纪不相符的忧思。

　　一个偶然的机会，张敏接触了一个练习瑜伽的朋友，知道了静想静心的方法。想到自己的情绪越来越暴躁，听说静想静心可以改善情绪，张敏真心诚意地请教朋友。正好，张敏一家租住的房子旁边有一个国家森林公园，学习了静想静心的方法以后，张敏经常早起去公园中静坐一会儿。在森林公园里，远离了闹市的喧嚣，空气特别清新，尤其是早晨，花花草草都羞涩地探出了小脑袋，连小鸟的叫声都显得尤其清脆。张敏喜欢在对着湖水的草地上静坐，依偎着大树，还能听到池塘中小鱼儿吐泡泡的声音，心中很安静，很踏实，那种感觉堪比住着依山傍水的别墅。如此坚持了一段时间以后，张敏的心境变得越来越平和，她又变回了恋爱时的那个她，坚信只要一家人在一起，再苦的日子也是甜的。渐渐地，她的家里又充满了欢声笑语，老公和女儿的脸上也重新绽开了笑颜。

　　从张敏的身上，我们看到了静心的强大力量。即使我们使用的静心方式不专业，但是，它也可以使我们的内心恢复平静，安然地享受美好的生活。假如有一天，我们的内心能够像蔚蓝的海洋一样博大而宽广，那么，不管身在何处、面对怎样的情况，我们的心中都会留有一片碧海青天。无论有怎样的愤怒、怨恨、恐惧，都将溶解在这一片蔚蓝汪洋中，使我们的内心再次变得清净、澄澈，心底里油然生出愉悦之感；这是人生最纯净、最独特、最幸福的快乐。

感受大自然的开阔，让心装满阳光

在空旷的原野，很多人都曾经仰面躺在大地母亲的怀抱中，闭上眼睛，静静地感受阳光在自己身上的尽情流淌。闭上眼睛对着太阳，阳光就没有那么刺眼了，变成了红彤彤的颜色，使人的心里觉得异常温暖。当全身都沐浴在阳光下的时候，你会觉得像婴儿在妈妈的子宫中那么温暖和美好。阳光，有神奇的作用！

的确，阳光是大自然对人类的馈赠，不管是人，还是植物、动物，都离不开阳光的滋养。一年四季，我们都生活在阳光之中，享受着美好：春天，万物复苏，此时的阳气最足，正是因为阳光的普照，所以万物生发。似乎，在一夜之间，原本光秃秃的树木全都披上了绿色的衣裳，白玉兰更是笑靥如花地在枝头绽放。沐浴在多情的春光之中，每个人的内心都涌动着一股生命的热流，它们左冲右撞，喷薄欲出。夏天，一切都郁郁葱葱。树叶是浓重的绿色，鲜花尽情地绽放，就连人们，也挥汗如雨地发泄着自己旺盛的生命力。这时的阳光就仿佛热恋中的情侣，滚烫滚烫的，洋溢着无穷的热情。它疯狂地亲吻着大地母亲以及世间万物，恨不得把自己的所有热量都释放出来。秋天的阳光澄澈透明。在阳光的照射下，天空碧蓝如洗，万里无云，似乎撤去了天空中的屏障，但是，阳光含蓄地照耀着大地。面对着自己和大地母亲的累累硕果，阳光似乎有些害羞了，眼神中多了一些少女的纯情，抑或成熟母亲的淡然。冬天的阳光是最温暖的，虽然寒风凛冽，但是，阳光还是尽力地送给万物温暖，它不遗余力地发光发热，帮助世间万物共度寒冬。在冬日的暖阳中，抬头看看太阳，人们不禁觉得恍如隔世，虽然树木凋零，冰雪覆盖，但是，只要有阳光，心里就觉得暖暖的。

有一首关于阳光的小诗，读起来淡淡的，品味起来心里暖暖的：

有多久没有注意阳光照在身上的感受了
温暖那最最单纯的温暖
我们都有的

接纳
内心平和从而获得和保持快乐

有多久没有注意枝条初绿瞬间的喜悦了
欣喜那最最感动的欣喜
我们都有的

不是只有华丽的衣服穿在身上才会温暖的
淳朴那毫不在意的淳朴
自由自在的

不是只有惊天动地的方式才能得到满足的
生活那平平安安的生活
才是珍贵的

多好啊
可以自由地去往想去的地方
在天黑之前抵达自己的梦想
点燃一堆堆篝火促膝欢唱

多好啊
可以陪着你一起度过那漫长
在漫长的路上因为有我而幸福
于是我　我们　多好啊

很多时候，幸福其实没有那么复杂，而是非常简单。因为拥有阳光，因为拥有健康，因为拥有亲人，因为拥有朋友，只要有一颗感恩的心，即使你拥有的东西很少，你也会感觉到幸福。换言之，幸福就是一种内心的感受，而不在于拥有的多少。只要怀着一颗感恩的心，你就拥有了发现美的眼睛。不开心的时候，不妨想想自己拥有的一切；沐浴着清晨的第一缕阳光，因为大自然的慷慨馈赠而欣喜；善待亲情友情，在失意落魄的时候自然会感受亲情友情的温暖；珍惜得来不易的爱情，风雨同舟、相濡以沫。怀着感恩的心，呼吸清新的空气，享受温暖的阳光，感受生活的美好，只要心怀感恩，你的内心就会充满幸福！

寄情自然，让心静下来

现代社会中，任何一个人都承受着来自各方面的压力，高强度的工作、烦琐的生活、家人的健康以及人际交往中的问题无时无刻不让人们产生不良情绪，于是，越来越多的人渴望能自我减压和放松。而"回归自然""亲近自然"的魅力正在被这些混迹于钢筋混凝土之间的城市人发觉，他们逐渐投身到大自然的怀抱，呼吸新鲜的空气、寄情于山水之间内心的压力得到了很大的缓解。我们喜爱的演员张静初也是个有特殊的旅游情结的人。

张静初醉心自然：她喜欢旅行，喜欢陌生的地方带给自己的那种新鲜感，这样，才能彻底地放松自己。

她曾经说："旅行有时候是最好的平衡剂，平衡你的欲望、平衡你的心态，找回你对幸福的感知能力。"对于旅行放松的方式，她更喜欢和朋友自驾游。她有一次快乐的旅行经历是去叙利亚，回来买了足足一箱子当地的银饰、烛台、金粉画等。她三十岁之前最想去的地方有印度、埃及、南非、北极。

相对于其他领域来说，演艺圈明星的工作压力更大，所以在闲暇之余十分需要自我放松、调整情绪。他们会依据个人爱好，选择各种不同的方式来给自己减压。而作为普通人的我们，同样也可以选择亲近自然的方式来宣泄我们的压力和不良情绪，一般来说，亲近自然的方式有很多，比如：

1. 登山

登山的过程，是一个不断征服的过程，当我们跨过一个个山头，就会发现呈现在自己面前的，是另外一片大好风景，我们的眼界也会逐渐开阔起来。另外，爬山还有一个好处，那就是锻炼身体。

因此，无论是周末，还是闲暇时间，我们都可以约上三两朋友，去大山里走走，去感受另外一个远离尘嚣的世界。当然，登山的过程中，我们要注意安全，最好不要一人登山。

孙女士是一位医生，今年，她所在的医院开始实行末位淘汰制，这给她造成了很大的心理压力，为此，她常感到头脑发胀、四肢乏力，脾气也越来越不好。就这样，过了半年，她整个人瘦了一圈，有人说她得了抑郁症。

最近几个月，同事们普遍反映：以前那个心浮气躁、总感不适的她摇身变成了稳重大度、耐心敬业的人。是什么让她放下压力、乐观地去工作与生活？孙女士说，她的老公每周末都会陪她去爬山，虽然爬完后她会大汗淋漓，但站在山顶那一刻，她感到了前所未有的放松。

生活中，像孙女士一样存在心理问题的人并不少见。生活中的种种问题让他们情绪不佳，却又不知如何宣泄。其实，爬山不失为一种很好的减压方法。因为让身体动起来可以增加身体能量、减少疲累感。

2. 野营、露营

野营，顾名思义就是在野外露营、野炊，这是一种锻炼生活技能的很好方法，并且，在相互合作的过程中，人与人之间的关系也会变得亲密起来。露营是一种休闲活动，通常露营者携带帐篷，离开城市在野外扎营，度过一个或者多个夜晚。露营通常和其他活动相联系，如徒步、钓鱼或者游泳等。

3. 钓鱼

这个活动，我们并不陌生，钓鱼的主要工具有钓竿、鱼饵。这些工具其实制作起来很简单，钓竿的材质可以是竹子，也可以是塑料，而鱼饵的种类也很多，可以是蚯蚓，也可以是米饭，甚至是苍蝇、蚊虫。现在有不少专门制作好的鱼饵出售。鱼饵可以直接挂在丝线上，但有个鱼钩会更好，对不同的鱼有特殊的专制鱼钩；另外加上一个漂更有帮助，在周围水面撒一些豆糠也会引来更多的鱼。

4. 徒步

徒步也称作远足、行山或健行，它和通常意义上的散步不同，也不是体育活动中的竞走，而是指有目的地在城市的郊区、农村或山野间进行中长距离的走路锻炼。徒步过程中一般不需要登上山顶，但是与登山和穿越密切相关，这几种活动经常结合在一起。

总之，生活于城市中的人，我们应懂得适可而止，再忙，也要在美好的时节呼吸一下大自然的新鲜空气，晒晒太阳，你可以找个最喜欢的地方去旅行，也可以在周末爬爬山、游游泳，没有计划，没有进度表，只有和阳光、绿意、清澈的河水共同度过的惬意时间。你可以选择结伴而行，也可以选择孤身游玩，自由地徜徉在阳光里。

打造一个属于自己的惬意空间

随着社会的发展，城市不断扩张，人们离自然越来越远。然而，生活节奏也在日益加快，每逢节假日，大人要加班，孩子要补课，有几个人能够有闲情逸致奔赴遥远的大自然呢？每日困在钢筋水泥之中，人们的心会渐渐地变得麻木，孩子也将失去纯真的笑容。的确，我们已经离开大自然太远、太久了。那么，当你觉得心情烦闷的时候，应该怎么办呢？有人选择去电影院，俗话说，人生如戏，在这个戏里累了，再进入另一场戏中，岂不是更累？有人选择去游乐场，在惊声尖呼的那一刻，也许你的确释放了自己，但是随之而来的不是心灵的宁静，而是更加浮躁。有人选择和三五个朋友一起喝茶、聊天，然而，每个人都有自己的生活，不一定人人都喜欢倾诉，人人都喜欢当别人情绪的垃圾桶。但是，又没有足够的时间奔赴遥远的大自然中寻求心灵的宁静，怎么办？答案其实很简单，那就是给自己创造一个有花鸟鱼虫的微自然空间。

假如你在生活中是一个有心人，那么，你不难发现，很多老人喜欢养花，而喜欢养花的老人大多慈眉善目、心态平和，这是为什么呢？其实，原因很简单，因为花是自然的精灵，在养花的过程中，这些老人无形中亲近了自然。同样的道理，喜欢养动植物的人，大都非常善良，心平气和。

那么，怎样为自己创造一个有花鸟虫鱼的惬意空间呢？怎样使自己每天都能在营造的微自然环境中平静心情，更加热爱生活呢？实际上，这些事情只需举手之劳就能做到。你可以在家中的阳台上种一些自己喜欢的盆栽，如海棠、茉莉、玫瑰、马蹄莲等。假如你的技术不好，也可以选择种一些比较好成活的绿植，例如水竹、绿萝等。大家都知道，绿色代表着生命和希望，能够使人心情平静，对生活充满希望。所以，即使是不开花的绿植，也同样能够起到平复心情的作用。此外，你还可以养一些金鱼，或者是小宠物，如蜥蜴、乌龟等。在精心照顾它们的过程中，你能够充分体现自己的价值，找到自信。在家中，你可以为这些绿植和金鱼开辟一个小小的角落，布置得高低错落，疏密有致。每当心情烦躁的时候，来到这个专属你的角落，你就仿佛置身于大森林中一般，神游一番，也别有趣味。

张雅琪的家布置得很有特色，每个来她家里的朋友都不喜欢坐在温暖舒适的沙发上，而喜欢席地坐在她家阳台的一角上。这一角究竟有何魔力呢？吸引得朋友们宁可坐在硬邦邦的地上，也不愿意坐在松软的沙发上。让我们去看一看吧！

张雅琪的家不大，是六十几平的大一居。不过，客厅挺大的，阳台也很宽敞，当然，卧室相对小一些。张雅琪把阳台的一角布置得别具匠心，使人难以抗拒这一角散发出的独特魅力。张雅琪在阳台的一角摆放了一个1.2米高的书架，还在书架旁边呈九十度角摆放了一张90厘米的双层花架。书架的每一层都放满了张雅琪喜欢看的书，在书架的最上面，她摆放了一盆长得郁郁葱葱的蕨类植物和一盆文竹。蕨类植物喜欢阴凉，因此绿得很浅，是那种刚刚冒出来的新绿色，看得人心头凉凉的。文竹也是很纤弱的样子，与嫩绿的蕨类植物一起，用绿色装点了这个角落，使人的心变得柔软起来。在一旁的花架上，下层摆放着海棠、马蹄莲、茉莉等七八盆盆栽，上层摆放着一个精致的鱼缸，里面养着六条自由自在的小金鱼。在靠近书桌的一角，有一簇长得郁郁葱葱的水竹，叶子黄绿相间，正午，这盆水竹可以给蕨类植物和金鱼遮挡阳光。在鱼缸的另一侧，还摆放着一盆水仙花。精巧的布置使这个阳台一角显得春意盎然，而且弥漫着书香的气息。为了使坐在这里的朋友更好地融入其中，张雅琪没有在这个角落里安置座椅，而是在地上放了六个藤编的地垫。平日里，地垫可以叠放起来，节省空间，若来了朋友，他们就可以各自拿着地垫席地而坐。在这个角落的中间位置，摆放着一个精致的树根茶几，与这个微自然的环境融为一体，非常协调。此外，也不要忽视了头顶，头顶的空间除了垂吊着两盆绿萝外，还有一只声音清脆的黄鹂鸟，不时高歌一曲。

现在，大家都知道为什么每个人都喜欢这个空间了吧！

虽然大城市寸土寸金，但是，只要用心，还是能够为自己创造一个惬意的微自然空间的。在这个空间里，足不出户，我们就可以神游其中，使自己宛如在原始森林中畅游一般酣畅淋漓。这样一来，每天，只要回到家中，我们就可以抽出或长或短的时间舒缓自己的紧张情绪，心情自然而然就会放松。近年来，很多饭店都采取这种方式，在室内种植一些绿植，甚至还有些饭店弄一些小桥流水，让人们仿佛置身于江南水乡之中心情愉悦地用餐。总而言之，我们要尽力为自己营造一个充满自然气息的空间，亲近自然；只有这样，才能使我们那颗在钢筋水泥中变得逐渐僵硬的心柔软起来，也才会更加热爱生活。

呼吸自然的空气，聆听自然的声音

在中国的古代传说中，盘古是一个开天辟地的神。传说中，他的精灵魂魄变成了人类，他的身体则变成了三山五岳、日月星辰、草木、雨露。尽管这只是传说，但是却一代一代口耳相传至今。从某种意义上来说，这个神话故事充分说明了人类与世间万物是密不可分的。在农耕社会，人们与大自然之间亲密无间、互相包容。那时，既没有轰隆隆的机器，也没有吞云吐雾的汽车，更没有褒贬不一、味同嚼蜡的转基因食物。那个年代，人类非常信赖自然，就像生命依赖空气一样。春天的时候，万物复苏，孩子们可以去田野里挖野菜、摘野果；夏天的时候，孩子们能够去池塘边听蛙声阵阵；秋天的时候，孩子们可以去树林里采摘蘑菇；冬天的时候，孩子们可以去田野里抓田鼠……这一切都是大自然的馈赠。所有的生灵都在和谐共处，其乐融融地生活在地球之上。很多时候，人们无限地眷恋山水，因为这是大自然的身躯。在大自然里，人们就像回到了母亲的怀抱一样自由自在，既可以"采菊东篱下，悠然见南山"，也可以"水心如镜面，千里无纤毫"。的确，大自然就是人类的母亲，山水是母亲给子女最好的馈赠，纯粹而洁净，是精神的释放地、涤荡心灵之所。

如今，越来越多的人涌入城市，飞速发展的城市更是人类走向文明和成熟的标志。但是，凡事都有两面性，在走进城市的同时，我们无疑失去了大自然。大多数人身处闹市，整日面对着鳞次栉比的高楼，在闪烁的霓虹灯之下，我们已经遗忘了大自然的味道。猛然惊醒的时候，我们才发现自己更需要的是一片满月高悬的天空、一份清新纯净的空气、一汪清澈流淌的河水……绿是生命的颜色，代表着无限的希望。很多人都听说过绿色覆盖率这个名词，其实，一个城市的绿色覆盖率指的是一个城市的氧气指标值以及空气净化度的最快提升因素。有人去过高原，一定知道高原上氧气稀薄，这主要是因为恶劣的高原环境使植被无法存活下去，而只有植物的光合作用才可以迅速生成人类所需的氧气。为此，有植物的地方才更适合人类的生存。其实，人们应该为自己生活在平原地区而感到幸运，假如生活在一个植被丰富的城市里，则更是一种莫大的幸福。如今，很多楼盘以"森林城市"命名，其实就是为了说明这座城市正在被森林所环抱。

最近，夏米的心情很烦躁，一则是工作上始终不顺利，二则是她和老公的感情也似乎出了问题，频频亮起红灯。上个周末，他们夫妻俩好不容易都在家休息，但是却因为孩子的吃饭问题而大吵了一顿。事后想起来，孩子吃饭不过是一件不值一提的小事情，但是却惹得他们俩发生矛盾。这是为什么呢？夏米不禁深思起来。最近两年，因为家里添了个孩子，所以夏米和老公的生活都陡然忙碌了起来。一方面，经济压力更大了，因为他们已经成了典型的"孩奴"。另一方面，时间变得越来越不够用了。每天，夏米从早晨6点钟起床开始就像是拧足了发条的闹钟，一刻不停地走着，直到将近午夜睡觉，夏米每天都觉得自己快要散架了一样。为此，夏米的心情越来越糟糕，她每时每刻都想歇斯底里地发作一番。夏米的老公则承担了家庭的大部分经济负担，每个月，夏米老公不仅要挣出房子的月供，还要挣出孩子的学费以及各种各样的生活开销。因此，夏米老公也像是个充满了火药味的爆竹一样，一点就着。就像上个周末，他们不就莫名其妙地因为孩子的吃饭问题而大吵了一架吗？

眼看着又要到周末了，夏米的心不禁提了起来。从心底里来说，老公经常加班，难得休息一次，所以她也不想和老公闹得不愉快，还把孩子吓得哇哇哭。因此，夏米从周三就开始在网上找周边的旅游景点，计划周末的时候一家人出去放松一下。原本计划去游乐场，但是因为周五下雨了，周六也是雾蒙蒙的，所以他们临时决定去离家很近的森林公园。进了森林公园后，孩子高兴极了，在一棵棵参天大树下，开满了紫色的二月兰，特别漂亮。雨后的森林公园，空气非常清新，吸一口，沁人心脾，甚至连呼出来的气也充满了花香。因为刚刚下完雨，很多孩子在河边抓蝌蚪。阵阵蛙声传来，使人不由得感觉仿佛回到了童年。空气中，弥漫着桂花香甜的味道，还有小鸟叽叽喳喳的叫声，宛若天籁之音。刚刚冒出来的树叶一片新绿，经过春雨的洗涤，显得更加清新。空气也像是被过滤了似的，连一丝灰尘的味道都没有。水面上，不时地有鱼儿冒出来透气，调皮地吐出一个又一个的泡泡。漫步在林间小道上，脚步声沙沙作响，使人的心里暖暖的，痒痒的。

在这样一个鸟语花香的大自然的怀抱中，夏米和老公不仅没有吵架，而且还敞开心扉地谈了谈他们最近一段时间的生活。在倾心的交谈中，正如夏米所希望的那样，他们一家三口度过了一个愉快的周末，平静而温馨。

其实，大自然有神奇的魔力，不仅赋予人们新鲜的空气，而且大自然中的声音也是天籁之音。随着生活节奏的加快，现代人的心态也越来越浮躁，假如能够抽出时间来融入大自然，呼吸新鲜的空气，静下心来聆听大自然的天籁之音，那么，人们的内心自然就会平静很多，心态也会慢慢地平稳下来。

在中国，人们尊奉儒、道、佛三种学派的思想。现在，虽然那些圣贤之人早已与我们相隔千年，但是他们所传达的观点仍然对现代社会、现实生存方式有着深远的影响和现实的指导意义。儒家说："天人合一、仁德爱物"；道家说："道法自然、返璞归真"；佛家说："众生平等、前世轮回"！其实，他们都是在用一种朴素的语言来描述人类和自然的紧密关系。大自然蕴含着天地精华，诞生了世间万物。追本溯源，作为万物灵长的人类与万物是平等的，没有谁能够凌驾于万物之上。因此，我们更应该尊重自然、尊重生命，要相信草木皆有情，发自内心地保护大自然。在享受自然带给我们的惬意时，我们还应该时刻牢记以感恩之心回报自然。放缓脚步，融入大自然，聆听大自然的天籁之音，呼吸沁人心脾的新鲜空气，你就能够静下心来，更尽情地享受生命。

第四章
体悟真善美，心怀善心让你平和自在

中国人有句古话："人之初，性本善"，这句话告诫我们每一个人，要心怀善心，助人为乐。然而，现代社会，人们在追求梦想、金钱、地位的过程中，在追名逐利的过程中，似乎已经忘记了人的内心至深至纯的幸福感来自于善良。社会生活中，我们需要记住的是，真正的心安是来自奉献社会实现自我价值与人生价值，而不是一味地自私自利，也就是要多行"善举"。当然，你还需要将这种爱贯彻到生活中的方方面面，而不是挂在嘴边，要以仁爱之心去爱人，去奉献社会。

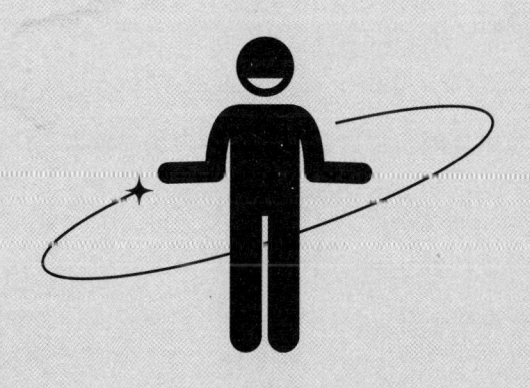

赠人玫瑰，手有余香

爱默生说："人生最美丽的补偿之一，就是人们真诚地帮助别人之后，同时也帮助了自己。"其实，这里的帮助自己，很多时候是获得了心灵上的快乐。乐于助人是中华民族的传统美德，是一个人良好道德水准的重要表现，我们每一个人，都应该以培养并拥有这一品德为荣。

生活中，我们常常看到这样一些现象，有些人在功成名就以后，并不是独享财富，而是扶弱济贫，将自己的财富奉献给社会，让那些物质贫乏者接受自己的帮助，因为他们明白，真正的快乐并不是敛财，而是帮助他人。最终，他们都实现了自己的人生价值。

所谓的富贵，并不一定要"富"，还要"贵"，真正的"贵"，是看你的社会价值，看看你为社会做出了什么。这才是真财富，任何人都抢不走。因此，真正的"富贵"，是必须懂得用金钱去回馈社会，若不能做到这样，即使拥有了金钱，也不过是"富而不贵"。

第四章
体悟真善美，心怀善心让你平和自在

你可能会认为，我没有李嘉诚式的物质财富，对于社会，无法做到如此奉献。但真正的奉献也不是用财富来衡量的。只要你不吝啬付出，在他人需要帮助的时候慷慨地伸出援助之手，那么，你的人生财富就会不断积累，你的人生也会不断充实！身为社会成员，你也应从责任的角度看，必须要有一颗爱别人，爱社会，肯奉献的心，才能被人尊重，为人称颂！具体说来，你可以从以下几个方面努力。

首先，你应学会关心他人。你可以从关心周围的人开始，比如你的父母、你的亲人、你的朋友等。一个人，如果连自己周围的人都不关心，又怎么可能关心其他人呢？因此，如果你的朋友需要你的帮助，千万不要袖手旁观，要给予他实在的帮助并加以安慰。在这种举动中，你将体验到帮助别人的快乐。

其次，要表达自己的真诚和关切。帮助别人，不要表现出太强的目的性，你的关心应该是真诚的、发自内心的，这样才能使别人愉快地接受，我们才会得到心灵的满足和愉悦。

最后，生活中，我们要多为别人设想。即使帮助他人，你也不应该表现出高高在上的姿态，这样会伤害到他人的自尊。另外，要先设身处地为别人着想，再提供帮助，只有这样，我们才能恰到好处地帮助别人，而不会出现好心办坏事的情况。

当然，助人的最直接的方式还是经常参加一些慈善活动或者助人的社会实践活动。

总之，助人为乐是一个人思想境界的行为体现，是一种精神的升华，有句名言说得好：关心他人，竭尽全力去帮助别人，会使人变得慷慨；关心别人的痛苦和不幸，设法去帮助别人减轻或消除痛苦和不幸，会使人变得高尚；时常为他人着想，会丰富自己的生活，增加自己的涵养，最终，我们会收获更多的快乐！

帮助他人能体会安然的快乐

中国人常说："人之初，性本善"，这句话并不只是说人的本性是善良的，更要告诫生活中的每一个人都要心存善心，帮助他人有时候并不是为了回报，而是让内心更为快乐安然。

实际上，我们生活的周围一直都不缺乏那些为他人、为社会贡献力量的善良的人。比如，2008年汶川地震后，多少热血青年身赴灾区，帮助那些深陷困境中的人、支援灾后重建工作；很多创业者成为成功的企业家后，不忘回馈社会，用自己的绵薄之力持续地支持慈善事业；一些闹市中的青年，在忙碌之余，会带上自己的爱心来到孤儿院、敬老院，为他们带来欢乐……善心是人类与生俱来的本性。的确，人的内心充满至深至纯的幸福感，不是在满足自我，而是在为他人奉献的时候，自己的观点也得到了认同。

第四章 体悟真善美，心怀善心让你平和自在

从前，有个心地善良的人。这天，他看到一只蝎子掉进了水里，他赶紧伸手去救那只蝎子，谁知道，这只蝎子居然狠狠地蜇了他一下。

因为疼痛，这个人下意识地松了一下手，蝎子又掉进了水里。这人一看，赶紧又伸手救蝎子，结果，蝎子又蜇了他一下……旁边的人看见了，都说这个人很傻，不明白他为什么被蜇了，还要救这只可恶的蝎子，他是这样回答的："我当然还要救它，因为我们都知道，蜇人是蝎子的天性，这很正常。可对我来说，救人是我的天职，所以我不能因为蝎子蜇人的天性而放弃我救人的天职呀……"

生活中，能像故事中救蝎子性命的人又有多少？可见，不是所有人都能不计后果地对人付出的。但真心为他人付出的人，他们的人格是高尚的，是令人敬佩的。他们在帮助他人的过程中，虽然没有得到来自他人的回报，但心灵却得到了升华。

在生活中，当遇到他人需要帮助的时候，你是否愿意停下来为他们想想办法？或许在不经意间，受帮助的不仅是别人，还有你自己——爱加上智慧是能够产生奇迹的。其实任何一次助人行为，都是完善自我、实现自我价值的机会，怎能不出于自愿？然而，一个人若想真正内心无私地对他人付出，首先必须具备一颗善心。

在美国，有个叫亨利的著名作家，一次，他的侄子来他家

做客，他们谈到了善良这个话题。

他问自己的侄子："你知道什么是善良吗？"

侄子点点头，说："我知道，可是我不知道怎么表达。"

亨利微笑了一下，然后继续问："你知道什么是人生中最宝贵的东西吗？"

侄子说："人生宝贵的东西有很多，比如金钱。"

听到侄子这么说，亨利摇了摇头，最后说道："在人的一生中，有三种东西是最宝贵的，第一是善良，第二是善良，第三还是善良。"

善良是什么？善良就是一种无私的付出，与人为善是人类永恒不变的天性。

当然，为他人付出并不是要停留在口头上，而是要付诸实践的。平素人们都说德行，何为德？何为行？德是个人的高尚情操，是先天品质，但并非所有的人生下来就具备了好的品性，所以更需要后天扎扎实实地修养，也就是行。所以德需要行，才能为善，不然的话，德就是一个空洞的东西，未能为善的德只能是伪善。行是行为，善是无私，行为的无私就是行善，积德是行善的必然结果，与对方没有关系，利于别人的行为与思想就是善！

赠人以花，手有余香。愿意为他人付出的人，从来都被认为是正直的、善良的。当我们怀着一颗真诚之心善待我们身边的每一个人时，我们收获的也是真诚与善良，当然，还会获得浓浓的爱！

因此，生活中的每一个人，都不要把眼光放在蝇头小利上，更不要过于计较，其实，得失心太重，反而会舍本逐末。为社会和他人牺牲一点利益，是心存善念的表现，这一做人原则必会成为你人生路上的指明灯，帮助你到达人生的新高度！

善良是一种大爱

有人说，在人类的灵魂里，同时住着魔鬼和天使，他们一直在角斗。魔鬼，代表罪恶。天使，代表善良。魔鬼与天使的差别往往只是一念之差，一步之遥。那些心正心善的人内心一定住着一个天使，而那些为恶者内心也必定被魔鬼控制。那么，你的心里住着的是魔鬼还是天使呢？

善恶一念之间，为善还是为恶，是可以通过思维控制的，但善意的思考和恶意的思考自然而然就导致事物最终走向不同的结果。我们发现，心正心善者无论遇到什么事，总能用一颗善良、宽宏的心去包容他人，包容一切。

人生路途崎岖坎坷，人际关系复杂多变，因此不能事事计较。那些内心善良的人懂得宽容别人，自己的性情也就有了转折的余地，从而在生活中，无论遭遇什么样的人和事，都不至于怒发冲冠、牢骚满腹、委屈痛苦、郁气中滞。对别人是这样，对自己亦然。

心怀悲悯，心境更宽广

中国人常说，人之初，性本善，也就是说，最本初的人性是向善的。自古以来，善良一直都被人们推崇为一种高贵的品质，那些行善积德、心怀悲悯的人也一直被人们所敬仰。事实上，一个内心充满慈悲的人不但能获得他人的认可，更为重要的是，他们的心境得到了提升。

也许有人会说，这个社会到处是尔虞我诈，慈悲心早已荡然无存。其实，这只是个例。我们的生活中处处存在美与爱。我们每天都能看到初升的太阳，那是自然之美。我们每天都能拥有他人的关爱与帮助，这是人性之美。曾经有一位日本的成功人士，在他的人生中有这样一次经历：

那时候，他得了胃癌，在一家寺庙修行，虽然手术很成功，但未康复之前，他就以俗家之身加入了佛门。这段时间，因为身体关系，他的修行是艰苦的，但却给他留下了难以忘怀的印象。

那段时间，他在寺庙有个工作，那就是布施化缘。冬天，天气寒冷得很，他穿着草鞋、身披斗笠，他的脚趾都被沥青划破，甚至渗出了鲜血，但他还是强忍着疼痛，继续化缘。

黄昏时，他已经毫无力气了，当他正准备返回，路过一个公园时发生了一件事。正在打扫公园身着工作服的老婆婆注意到了他以及这些化缘的僧人，她一只手拿着扫帚一路小跑来到他们跟前，向他的行囊丢进了500日元的硬币。

就在那一瞬间他被感动了，他的心里充满了难以名状的幸福感。

后来，在提及这件事时，他说："虽然她看上去生活并不富裕，却毫不迟疑、也不见丝毫傲慢地给了我这一介修行僧500日元。她善良和纯真的美好心灵，是我在迄今为止的六十五年里从未感受到的。通过她自然而然的慈悲行为，我深感触摸到了人间的爱。"

把自我利益置于一旁，首先对他人流露出悲悯之心——老婆婆的行为是微不足道的，但它却是人世间思想和行动中的最善最美。

其实，人生匆匆，我们每个人的一生中，都会遇到无数个过客，尽管是匆匆而过，但其中的不少人却为我们留下了一份爱，一份帮助。虽然他们的帮助可能是举手之劳，也可能很渺小，但却让我们感受到了温暖，或许这就是爱的魔力，人类最无私的美丽，它让这个世界远离浑浊，走向光明。同样，如果我们能心怀悲悯，对他人的难处感同身受，并伸出援手，那么，我们生活的这个世界也会因为爱而变得更美丽。

曾经有这样一个故事：

一天，一位女士来市集买米，她用200元假币买一袋大米。在市集结束时，这对卖米的农民夫妇在回家的路上，又看到了这位买米的女士，她不小心跌倒了，还扭到了脚，在路边无法动弹。农民夫妇看到后，二话没说就把这位女士扶上了自己的三轮车，并把她送到了医院，待安置妥当后，二人意欲告辞，谁知那位女士一把拉住他们的手，羞愧地相告："我买你们大米的钱，用的是假币。"说罢，拿出两张100元真钞，塞到农民夫妇手里。

多么戏剧化的故事，故事中，一对朴实的农民夫妇以其善良，使得那位女士良心发现，痛改前非，承认自己的错误。的确，善恶仅有一步之遥，她没有跌进良心的谴责之中。有时候，就是那一步之遥，可以改写一个人的一生，而更多时候，我们差的就是那一点勇气。

当然，有一个问题必须注意，即对他人的悲悯，不应该仅仅是挂在嘴边，而要镌刻在心里。以仁爱之心去爱人，无论是对我们的朋友还是曾经的敌人，用我们的真诚去打动每一个人，即使真的做一次东郭先生又何妨？再凶恶的豺狼也有善良的一面。

因此，生活中的每个人，都应该以故事中的老婆婆和农民夫妇为榜样，心怀悲悯，并多做利于社会、利于他人的事，而且，在必要的时候，应该牺牲一些自己的利益。你可以从身边做起，帮助那些需要帮助的人。在生活中，人人都会遇到一些困难、矛盾和问题，都需要别人的关心、爱护，更需要别人的支持、帮助。如果此时，每个人都能主动关心、帮助他人，从自己做起，从小事做起，从现在做起，使助人为乐在社会上蔚然成风，那么，你就能随时随地得到他人的帮助，感受到社会的温暖。

善良能让心平和安宁

中国人常讲："善恶有福终有报"，但真正的善行是不求付出的回报。《易经》中记载："所谓善人，人皆敬之，天道佑之，福禄随之，众邪远之，神灵卫之；所作必成，神仙可冀。欲求天仙者，当立一千三百善；欲求地仙者，当立三百善。"真心的付出，是心地纯洁、没有恶意，是看到别人需要帮助时毫不犹豫地伸出自己的援助之手。因此，行善的过程也是一个修心的过程，善良会让人心更为平和。

因此，生活中的每一个人，在为他人付出时，不要总想着回报，也不要因为没有回报或回报甚少而不对他人付出。因为能付出的人，不求回报也是富有的。为他人付出，可以使人在精神上产生愉悦和快乐。实际上你在做好事和有益的工作时，不管是有意还是无意都会聚精会神地投入，此时此刻脑海里会排除杂念和私欲，心灵会得到锤炼和净化。长期如此，自然有利于身心健康和养生。

哲人说，善良是爱开出的花。对于高尚的人来说，他们的品性中蕴藏着一种最柔软、但同时又最有力量的情愫，那就是善良。

另外，为他人付出要从生活细节中开始。"勿以恶小而为之，勿以善小而不为。"我国画家启功先生就是一个在生活中与人为善的人。

一次，在全国政协工作人员的陪同下，启功先生到北京琉璃厂调研艺术品市场。在他们闲逛时，有个工作人员发现在古玩市场的地毯上，摆了大量所谓的启功的书法作品，明摆着，这是赝品。

有个人问启功："启老哇，你有什么办法来甄别这些作品的真假呢？"

听到有人这么问，启功大笑起来，然后乐呵呵地说："一百年以后，比我写得好的，就全都是真品了！"

启老的这番话，虽然简短，却意味深长。

启功虽然是名人，但他最怕虚度时光，他常常勉励自己要在有限的生命时光中，做出更多的奉献。然而，常常有人慕名前来请求他写字作画，以致影响了正常的学习和研究，他又不便直接拒绝，因此，他在创作、研究或身体不适的时候，就在门上挂个牌子，上书："大熊猫病了！"来者看到不禁莞尔一笑，虽吃了闭门羹，但仍感到轻松快乐。

这里，我们看到了一个老艺术家不但在艺术上取得了非凡的成就，而且在心灵上也步入了大彻大悟之境，生命中充满着一种"身心无挂碍，随处任方圆"的大气和洒脱。他的一番话虽然让人捧腹大笑，但表达的却是他处处替人着想的那一份善良。

一位智者曾经说过：善良是一种远见，一种自信，一种精神，一种智慧，一种以逸待劳的沉稳，一种快乐与达观……只要我们本身是善良的，我们的心情就会像天空一样清爽，像山泉一样清纯！因此，在我们的一生中，无论我们走到怎样的人生高度，都不要将"善心"抛弃，这样，无论你走得多远，也不会迷失本性，你的内心将获得一份永久的安宁。

第五章
清除心灵垃圾，除旧才能迎新

生活就是由无数事件组成的，这些事情或大或小，它们或者已经成为过往，或者正在发生。倘若我们把这些事情无一例外地收纳心底，就会使自己的心灵不堪重负，使人生的道路越走越沉重。为了轻松自在地踏上人生旅途，我们应该学会吐故纳新，丢弃那些不必要的人生垃圾，轻装上阵。

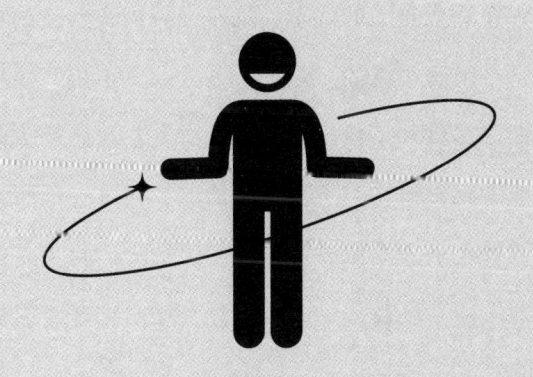

与己无关的事，不必纠结

人是群居动物，每个人都无法脱离社会独自生活，因此，每个人都难免与别人打交道。所以，人们总是在忙于处理自己的事情和别人的事情，评价别人并且也被别人评价着。其实，很多时候，人们之所以感觉很累，就是因为总是在乎那些与自己无关的事情。总体来说，与自己无关的事情包括三种：第一种是与自己的亲人、朋友有关的事情。实际上，每个人都有自己的生活，即使是自己的子女，作为父母，也是无权代办或者干涉的，因此，要学会放手，让身边的亲人和朋友自主地选择自己的生活。第二种是发生在别人身上的好事。其实，按道理来说，发生在别人身上的好事，既然没有损害自己的利益，实际上是与自己没有关系的。但是，古人云，不患寡而患不均。所以，假如好事落到了自己身边的人身上，自己难免会有酸葡萄心理，或者觉得愤愤不平。这种情况，尤其在同事之间最为常见。第三种是别人的流言蜚语。在生活中，每个人似乎都摆脱不了流言蜚语，不管你是明哲保身，还是你是个大嘴巴，总会被或多或少的流言蜚语缠绕。面对这些或者好或者不好的别人对你的评价,只要不属于人身攻击的范畴,都可以认为是与你没有太大关系的。生活在这个社会上,每个人的脾气、秉性、喜好都不一样,所以一个人不可能被所有人肯定和表扬。现代社会讲究言论自由,每个人都有发表合理看法的权利。因此,无论别人的评价是好还是坏,一定要学会坦然地面对别人的评价。

很多时候,面对流言蜚语,越是辩解越容易乱上加乱。所以,应对流言蜚语的最好办法就是不辩自明,这样一来,流言蜚语就会不攻自破。如果你一不小心成了众矢之的,请记住,千万不要费尽唇舌陷入自证陷阱,也不要太过在乎别人说了什么,你首先和唯一要做的就是做好自己的事情。作为一个人,必须相信自己,认可自己,只要自己觉得是问心无愧的,就要坚守自己做人做事的原则和底线。通常,如果不在意别人怎么评价你,编造关于你的是是非非,甚至是恶意攻击,那么,你的大度和宽容最终能够使人们认识真正的你,进而认可你、肯定你。

小静是家里的长女,还有一个弟弟。上大学的时候,小静去了上海,大学毕业后就留在了上海工作。又过了几年,弟弟也大学毕业了,为了投奔小静去了上海。最初的几年,小静为了弟弟可没少操心,父母不在身心,小静无形中承担了母亲的角色，经常给弟弟洗衣服，做饭。后来，小静结婚了，有了自己的家庭，还添了个小宝宝，生活突然变得忙碌起来。为此，小静的丈夫郭峰建议小静别再让弟弟来家里吃饭了，因为小静一个人既要忙家务，又要照顾宝宝，特别累。但是，小静却不听郭峰的劝告，为此还和郭峰吵了几次架。其实，郭峰说得很有道理，小静的弟弟已经27岁了，完全可以独立生活，小静这样处处照顾他，非但自己很累，还会使弟弟形成依赖性，永远也长不大。但是，小静总是认为父母不在身边，自己就应该责无旁贷地照顾弟弟。就这样，小静最后因过度劳累病倒了。这一病，孩子也没人照顾了，不得不送回老家给公公婆婆照顾，小静在病床上躺了一个多月。在这一个多月里，小静虽然很惦记弟弟和老公，但是却心有余而力不足。出院以后，她惊讶地发现家里非常干净整洁，而且弟弟还做了一桌子好菜等着郭峰接小静出院。小静从来不知道弟弟还会做饭，惊讶得嘴巴半天都合不拢。经历了这次生病，小静采纳了郭峰的建议，让弟弟去过独立的生活了。出乎她的意料，弟弟生活得很好，休息的时候还会做一些好菜带给姐姐、姐夫吃呢！

　　志强和子明是一起进公司的，他们的资历相同，能力也不相上下。最近，他们的顶头上司因为个人原因离职了，所以公司必须重新选拔一个人担任业务主管一职。此时，志强和子明有很大的竞争优势。除了他们俩，部门还有一个资格比他们更老的员工，这个员工叫嘉豪。嘉豪进公司五年了，虽然业绩始终处于中上等水平，没有志强和子明的业绩拔尖，但是经验非常丰富，而且行事稳重。因此，大家都认为嘉豪的胜算更大一些。一个月以后，公司公布了新任业务主管的姓名。出乎大家的意料，是子明得到了晋升。虽然志强平日里和子明相处很好，但是志强的心里还是很难受，因为他觉得自己的能力不比子明差，坦白说，如果公司不提拔自己，他倒是更愿意选嘉豪当部门主管。因为这件事情，志强一直郁郁寡欢，工作起来也没劲头，因为他觉得自己的努力没有得到应有的回报。后来，志强在心理不平衡之下愤然选择了辞职，去了一家新公司工作。但是这样一来，他不得不重新开始打拼。

在第一个事例中，小静因为不放心弟弟，在生了宝宝之后，依然竭尽全力地照顾整个家庭。而实际上，弟弟已经成年了，完全有能力独立生活，根本不需要太多的照顾。直至病倒，小静才意识到这个事实。在第二个事例中，志强因为不患寡而患不均的心理，始终对子明得到晋升的事情耿耿于怀，最终不得不选择了跳槽，使自己三年的工作积累付诸东流。其实，假如志强能够继续做下去，早晚会得到大显身手的晋升机会。这样看来，受损失最大的还是他自己。其实，无论是小静还是志强，之所以活得这么累，都是因为太在乎与自己无关的事情了。小静是因为亲情无法放手，志强则是因为心理不平衡而介怀。如果他们都能够放开心怀，就能够更加轻松地、快乐地生活。

学会释怀，不必为昨天的事懊悔

人不能活在未来，因为未来是未知的，非常神秘；人也不能活在过去，因为过去已经成了历史，一去不返，无法改变；人唯一能够真切把握的就是今天，所以我们要活在当下。很多时候，人们无限憧憬美好的未来，把一切希望都寄托在虚无缥缈的未来上，因此浑浑噩噩地生活；很多时候，人们也会因为过去所犯的错误久久不能释怀，甚至因此而惩罚自己。其实，这两种做法都是不正确的，正确的做法是把握好今天，活在当下。假如一味地沉湎于往事，特别是那些不愉快的经历，不仅会破坏你的好心情，还会损害你的身体和心灵的健康。假如一味地沉湎于过去的光荣事迹，你就会不停地抱怨现状。俗话说，好汉不提当年勇，正是为了让人们把握好今天，再接再厉，努力地生活。

据研究证实，那些总是沉湎于过去，特别是对自己以前的遭遇愤愤不平，或者总是懊悔自己曾经失去的机会的人的健康状况远远不如普通人。他们对疼痛更加敏感，而且更容易生病。看到这里，也许有人会认为自己应该着眼于未来。研究同样证实，过于关注未来发展尽管不会损害人的健康，但会阻碍人们享受当下所拥有的一切。只有那些努力享受当下，从过去的经历中吸取经验并且合理地计划未来的人，才是最健康、最快乐的人。实际上，过于纠结往事，会使人们的心灵背负沉重的包袱，无法得到放松。安东尼·罗宾在演讲的时候，总要对年轻人说："今天才是我们生活的日子，也是我们在历史上唯一生存的一段时间，所以，所谓'美好的古老时光'指的就是今天。只有今天，才是属于我们的时代。我不曾向你们诉说悲惨的一面，也不曾向你们描绘美好的一面，更不会向你们灌输过度地克服生存危机的乐观思想。我唯一想要告诉你们的是，生活中，每一个人都无法避免变化和挫败。"由此可见，任何一个试图克服生存危机、更好地生活的人都必须让生命回到现在。

很久以前，有一位德高望重的大师，他见解深刻，学识广博，普济众生，乐于助人，人们都非常信任和尊重他。所以，每当人们因为某些事情感到困惑不已的时候，就喜欢来找大师帮忙解决。

有一天，一个年轻人气喘吁吁地背着个大包袱来找大师。他进庙看到大师，就神情沮丧地说："大师，我特别寂寞，特别孤独，觉得生活无比沉重，不仅没有轻松的时刻，更没有欢乐的感觉，我应该如何是好呢？"

大师看了看年轻人，又看了看年轻人身上的大包袱，笑着问他："施主，你的包袱非常大，里面装的是什么呢？"

年轻人伤心地叹了口气，说："唉！还能有什么呢？这个包袱里，除了烦恼，就是忧愁，当然，还有我遭遇失败时所经历的痛苦以及每次受到伤害时的眼泪。正是这些，才使我对生活越来越失望，甚至是绝望。"

大师缓缓地站起身来，一句话都没说，只是用手指着前边的路，用眼神示意他——跟我走……年轻人跟随大师来到湖边，乘船渡到湖的对岸。上岸后，大师一本正经地对年轻人说："施主，我已经把你渡到对岸来了，下面的路应该你自己走了，请你扛着船上路吧。"年轻人大吃一惊，疑惑地问："大师，你一定是在开玩笑吧？船这么重，我怎么可能扛得动呢？"

大师仍然郑重其事地说："我当然知道你肯定扛不动它。在渡河的时候，对我们来说，这艘船特别重要，但是，过河之后，我们首先要做的就是舍船登陆。假如你在渡河之后还把船当成包袱背在身上，那么，你必将寸步难行。同样的道理，在人生的旅途中，难免要经历孤独、寂寞、痛苦和眼泪，不过，它们都是难得的经历，能够使你变得更加成熟和豁达。正如这条船，正是因为有了它们，你的生活才会变得更为丰富多彩。反之，假如你始终沉陷在往事之中难以自拔，甚至因此影响了自己未来的生活，那么，这些宝贵的经历和经验就会成为难以承受的生活重负，一旦背上它们，你的人生之路就会变得越来越难走。"

听了大师的话，年轻人沉思不语。

大师继续说："年轻人啊，要想轻装上阵，走好生活之路，就要及时地放下难以背负的沉重包袱。"

至此，年轻人恍然大悟，连声说："谢谢大师的点化！"说完，他马上按照大师的启示，高兴地放下包袱，步履轻盈地走向了宽阔、光明的人生大道。

在大师的点化之下，年轻人恍然大悟——这是多么通俗易懂的点化！佛教有云：应病予药、应机说法；一切都是唯心所现，唯识所变。殊不知，人生真正的快乐在于放下多少，而不在于拥有多少。只要我们真正放下那些沉重的包袱，就能够自然而然地境由心转，海阔天空。在这个世界上，很多人正是因为沉湎于过去的伤害和问题，才难以摆脱愤怒、沮丧、痛苦和绝望的情绪。事实证明，你越是念念不忘过去的那些事情，那些事情就会变得越来越沉重，你的心情也会变得越来越糟糕。只有让过去的成为过去，彻底放下或者忘记，你才能轻松地继续前行。

倓虚老法师曾经说过：看破、放下、安乐、自在。很多时候，人们往往因为太执着，背负着太多的思想包袱，所以才会放不下。要想使自己变得轻松愉快、自由自在，就要尽量放轻松些，不要被沉重的思想包袱压得气喘吁吁。只有放下那些包袱，放下那些令人烦恼、不愉快的往事，才能更快乐地、轻松地享受生活，体会人生真正的幸福。

在读书或旅行中洗涤心灵

现代社会，人们的生存压力越来越大，急需释放自己的心灵，缓解压力，因此，越来越多的人加入了"驴友"的行列。通俗地说，"驴友"是指户外运动的爱好者，主要进行穿越、远足、攀岩、登山、漂流、越野山地车等户外活动。和普通的旅游方式不同，驴友的运动大多带有探险性、挑战性和刺激性，属于极限和亚极限运动。现在，有越来越多的年轻人青睐这种运动，因为能够挑战自我，拥抱自然，锻炼顽强的意志力和团队合作的精神，而且能提高野外生存能力。不过，一般情况下，普通人更愿意选择旅游的方式。无论是在国内，还是在国外，都有很多美丽的地方值得我们亲自去走一走，看一看，感受当地的风土人情，开阔自己的视野，汲取新鲜的养分。无论你是选择"驴友"方式，还是选择普通的旅游方式，都能够获得很多美好的感受。古人云：读万卷书，行万里路。毫无疑问，旅游是人们选择的能够行万里路的方式。不过，不管以哪种方式看世界，都有一个必要的前提，即一定要能在这个过程中充实自己的内心。

和旅行比起来，读书无疑是一种非常安静的方式。纵观历史我们不难发现，古代的文人墨客大都有一个共同的爱好，那就是读书。高尔基曾经说过，书是人类进步的阶梯。由此可见，读书对于每一个要求进步的人来说都是非常重要的。很多时候，一本好书足以影响一个人的一生。多读一些好书，能够扩大我们的知识面，使我们足不出户就能了解很多天下的大事，这也就是古人所说的"秀才不出门，便知天下事""运筹帷幄，决胜千里"。此外，书中记载了很多道理，能够鼓励我们更好地面对生活。一些有关历史的书籍还可以激发起我们的爱国热情。读书多了，写作水平自然就能够得到提升，从而帮助我们更好地表达自己的内心。无疑，读书是一个使人静心的好方法。对于一个喜欢读书的人来说，一捧起书本，马上就能够使自己的内心平静下来，如饥似渴地吸收书中的知识。

所谓一动一静，张弛有度，倘若一个人能够很好地把旅游和读书结合起来，就能够获得很多新鲜的养分，还能够更好地消化和吸收这些养分，从而达到事半功倍的效果。其实，行万里路与读书是密不可分的，它们之间是互补的关系。行路是动态的，读书是静态的，但书中的知识毕竟有限，很多东西都要靠我们自己行路眼观耳识才能弥补！正是因为深谙这个道理，所以古人才把"读万卷书，行万里路"作为一种追求。

小米是一家广告公司的首席设计师，最近几年，她在事业上发展得风生水起，好创意层出不穷，因此被公司晋升为艺术总监。然而，当上艺术总监没多久，小米就发现自己才思枯竭，很难创作出别具一格的作品来。为此，小米非常焦虑。众所周知，对于一个设计师来说，创作力就是生命，而灵感则是创作的源泉。就这样，半年多时间，小米每天都生活在焦虑之中，但是又不敢向同事倾诉自己才思枯竭的事实，毕竟，同事之间更多的是竞争关系。这种状况持续了很长时间，使小米非常厌烦。终于有一天，小米把手头的工作安排妥当后，向公司董事会请了年假，踏上了外出旅行的路。这次旅行，小米只带了一个很简单的行囊和一个相机。她没有跟团，而是想单独随心所欲地走走看看。她也没有目的地，只是想去找回失去的自己。

小米首先去了四川九寨沟，恰逢秋季，她看到的美景让她情不自禁地为之心动。在成都吃完了美食之后，小米坐飞机去了云南大理、丽江。同样是一种精致的美，美得如梦似幻，让人不由得怀疑自己身在梦中。在云南慵懒地住了些日子，小米再次坐飞机去了西藏。看着那些朝圣的人，小米觉得自己终于找到了想找的地方。每天，小米在布达拉宫附近流连忘返，她似乎在寻找自己的灵魂。难怪人们说，西藏是最接近心灵的地方。在这里，小米恍然顿悟，她找到了自己。小米一再地延迟假期，在西藏住了半个多月。每天，她漫无目的地在西藏行走，只有自己知道自己在寻找什么，也只有自己知道自己在这里找到了什么。

终于，在公司的再三催促之下，小米依依不舍地离开了西藏。临行前，她默默地对西藏说："西藏，我一定会回来的。"经历了一个多月的旅程，小米晒黑了，也变瘦了，但是精神却很好。她的眼睛宛如小鹿的眼睛，既像一汪清泉，一眼见底，又像西藏那湛蓝的天空，引人无限遐思。渐渐地，公司中的人发现，在小米总监的作品中，又多了一样可遇而不可求的东西，即澄澈的灵魂，丰盈而充实。

很难想象，假如小米没有及时地选择去旅行，寻找自己迷失的心灵，而是固执地坚守着工作，将是怎样的一番情景。很多时候，放下也是一种获得，小米正是因为果断地放下了手中的工作，才能够及时地找回迷失的自己。

读万卷书能让人增长知识，开阔胸怀，但是，假如缺乏实践，就容易好高骛远、目空一切。相反，行万里路恰恰能够让你有机会深入理解知易行难的道理，从而学会放下，从头做起。要想充实自己的心灵，汲取新鲜养分，既做到高瞻远瞩，又不忘脚踏实地，就要将读书与旅游结合起来，张弛有道，生活有方。

放宽心胸，小事不必烦恼

你曾经观察过婴儿的笑容吗？那么纯真干净，像阳光一般和煦，简直能够温暖整个世界。为什么婴儿的笑容有如此大的魔力，而成人的笑容却显得那么僵硬呆板呢？这是因为婴儿的心中没有琐事的烦恼，在他们眼中，整个世界都是明亮的、充满希望的。而在现实生活中，总存在各种各样的琐碎的事情。假如你没有超脱俗世的开阔心胸，就会被这些事情牢牢地缠绕，无法脱身。在山坡上，有一棵历经沧桑的大树，它见证了几千年的岁月变迁，闪电不曾击倒它，狂风不曾使它踉跄，暴雨也无法使它动摇，但是，这棵无比坚强的大树最后却被一群小甲虫毁掉了。这群小甲虫从大树的内部不断地吞噬它，虽然每一次撕咬的力量都非常微弱，但是日久天长却使这棵大树轰然倒塌。就像日常生活中，人们很少被大的困难和阻碍击垮，但是却会因为小的困难和阻碍动摇信心，甚至失败。在面对突如其来的灾祸时，我们总能够团结一致，众志成城。但是，当安然度过大灾大难，我们却因为没钱买房、没钱买车、没钱买自己想要的衣服而郁闷不已，甚至和家人大吵大闹。很多健康的人，却因为自己太胖或太瘦、太高或太矮而发愁。很多家长，常常因为孩子学习成绩不好而大发雷霆。其实，一旦遇到生命的危险时，你会发现这些原本使自己发愁的事情那么渺小、荒谬、不值一提。此时此刻，你也许会后悔不已地对自己说：假如我还有机会看见明天的太阳，我将永远不再为那些不值一提的小事烦恼。无论何时，都要谨记，人生苦短，有很多美好的感受等待我们去体会，不值得为小事浪费美好的时光。

确实，在生活中有很多人都是这样的。在面对大风大浪的时候，他们镇定自若。但是，在面对一些琐碎的事情时，他们反而乱了阵脚，或大发雷霆，或无言以对，或暴跳如雷，或歇斯底里。人们常说，清官难断家务事，实际上，清官不是因为无能才断不了家务事，而是因为清官大多都很高明。试想，亲人之间仅仅因为一点小事就反目成仇，为什么还要劳心费力地给他们分出个胜负输赢呢？还不如让他们糊涂下去。

1945年3月，罗勒·摩尔和其他87位军人在贝雅·SS318号潜艇上。突然之间，他们的雷达发现一支日本舰队正朝他们驶来。因此，他们出动出击，向其中的一艘驱逐舰发射了3枚鱼雷，遗憾的是，这3枚鱼雷都没有击中对方。不过，这艘日本驱逐舰并没有发现他们。出人意料的是，当他们准备开始攻击另外一艘布雷舰时，这艘日本驱逐舰却突然掉头向潜艇驶来。

原来，一架日本飞机发现了这艘位于60英尺深的潜艇，并且把这个消息用无线电通知了这艘布雷舰。得知行踪暴露后，为了避免被日方探测到，他们马上下潜到150英尺深的地方，与此同时，他们已经做好了应对深水炸弹的准备。为了沉降保持安静，他们关闭了所有的冷却系统、发动机和电扇，并且在所有的船盖上都多加了几层栓子。

经历了漫长的3分钟等待之后，突然天崩地裂。日方在他们的四周扔了6枚深水炸弹，巨大的压力使他们沉到了深达276英尺的地方。当时，所有人都吓坏了。随后，那艘布雷舰接二连三地往水下扔深水炸弹，连续攻击了整整15小时。在这段时间里，有十几个炸弹就在离他们50英尺左右的地方爆炸。根据常识，假如深水炸弹在离潜水艇17英尺之内的地方爆炸，那么，所有人都将在劫难逃。在日方疯狂轰炸的这段时间里，每个人都被命令必须躺在床上，保持镇定。罗勒·摩尔吓得连大气都不敢出，他不停地想："这次全完了。"虽然在关闭了电扇之后，潜艇里的温度高达40摄氏度，但是摩尔仍瑟瑟发抖。即使穿上毛衣和夹克衫，他依然浑身发抖，甚至控制不住自己的牙齿打颤，而且全身都在冒冷汗。在这段难熬的时间里，他像放电影一样回忆自己的一生，所有的一切都历历在目，但是他却不知道自己能否看到明天的太阳。在加入海军之前，罗勒·摩尔曾经是一个普通的银行职员，那个时候，他因为没有钱买

第五章 清除心灵垃圾，除旧才能迎新

车、买房子，没有钱给妻儿买好看的衣服而焦虑不已；还曾经为了工作时间太长、薪水太少、没有机会升迁而郁郁寡欢；在工作的时候，因为老板总是给他分派额外的任务，所以他特别讨厌自己的老板；每天晚上回家，他都有气无力，闷闷不乐，很多时候，他总是为了一些鸡毛蒜皮的小事与妻子吵架；甚至，他还为自己额头上的一块小伤疤而伤心了很长时间。当时，这些不值一提的小事看上去都是天大的事情，但是，此时此刻，在深水炸弹威胁着他的生命时，这些事情却显得那么荒唐、渺小。他暗暗地向自己发誓：假如我能够活着看到明天的太阳，那么，我将永远不再为那些小事郁郁寡欢。我一定会高兴、快乐、充满感恩地度过每一天。

仿佛过了千年之久，攻击终于停止了。显而易见，那艘布雷舰在用光了所有的炸弹之后离开了。实际上，只过去了15小时。但是，在这15小时里，罗勒·摩尔像看电影一样看到了自己过去的生活。他不仅想到了自己以前所干的坏事，而且还想到了一切他曾经担心的小事。在这短短的但是却又无比漫长的15小时里，他觉得自己所学到的东西比在四年大学学到的还多。

每一个人都希望自己拥有一个成功的人生，但是，很多人却总是过于在意一些无关紧要的小事，为了解决这些事情，他们白白地浪费了很多宝贵的时间。因此，随着时间一点一滴地

流逝，我们失去了获得成功的主动权和大好机会。为了避免这种情况的发生，我们要忘记那些不值一提的小事，更不要为那些小事徒增烦恼，而要开阔自己的心胸。古人云，宰相肚里能撑船。纵观古今中外，凡成大事者，很少有小肚鸡肠、心胸狭隘的人。总而言之，我们应该时常净化自己的心灵，重塑自己的灵魂，使之越来越开阔，越来越宽容大度。

第六章
积累实力，虚怀若谷，低调谦逊

中国人常说："惟谦受福"，意思是傲慢得不到好运和幸福，只有谦虚的人才能交好运、获得幸福。的确，生活中的每一个人，都应该给自己一面全方位的镜子，看清自己，并做到虚怀若谷，这样才能查缺补漏，不断地超越自己！

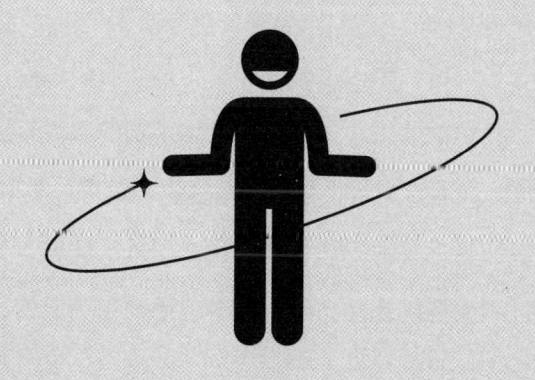

> 接纳
> 内心平和从而获得和保持快乐

不卑不亢更易赢得尊重

人们常说，人生在世，如果不能掌控自己的生活，就会被他人掌控。一个人要想得到别人的敬重，人际交往中就一定要不卑不亢，即为人处世在行为、态度上既不卑屈，也不高傲。在与陌生人的交往中，不卑不亢更显得尤为重要。

诚然，很多时候，与我们打交道的人可能在某方面比我们更强，或才干超群，或经验丰富，对对方的确要做到有礼貌、谦逊。但是，绝不要采取"低三下四"的态度。绝大多数有见识的人，对那种一味奉承、随声附和的人，是不会予以重视，也不会予以信任的。在保持独立人格的前提下，我们应采取不卑不亢的态度。

某报著名编辑，想向某位大作家约稿。听说这位作家很高傲，于是，拜访的时候，这位编辑只字不提约稿的事，而只是与他话家常。在双方交谈很融洽时，这位编辑很自然地说："对了，我听说您最近写的一部长篇小说在国外很畅销，有这回事吗？我读过不少您的作品，但这部小说手法更为奇特，这本书也能翻译成其他语言吗？"

这位高傲的作家听到这句话，发现自己原来这么受欢迎，心里自然很高兴，态度马上变得好多了，他说："是有这回事，翻译倒是可以，只是苦了翻译及编辑人员。"二人于是开始兴致勃勃地谈论起文学作品。而几十分钟后，大作家亲口答应当天就给这位编辑一篇文章，编辑的目的达到了。

案例中，这位编辑采用的是特殊的说话策略。名人都有一定的社交范围，有高人一等的优越意识，但并不是无法与之沟通。

可见，我们与人打交道，要想取得对方的信任，都要做到不卑不亢。孟子拜见过许多诸侯，在《孟子·尽心下》中，他记录了这样的一句话："说大人则藐之，忽视其巍巍然。"这句话的意思是说，不管对方地位多高，身世多显赫，在和他对话时，你也不要显出刻意的谦卑，不卑不亢才是最好的对话态度。

一家保健品公司，有两个员工，有两种明显不同的行事作风。一个是营销部总监李丰，另一个是广告部总监郑爽。

李丰是公司的老员工，曾经和公司高层一起为公司立下了汗马功劳，因此，老板很器重他，把他从一个普通职员升到了营销总监的位置。可是，自从当上了营销总监，李丰便开始自我膨胀。他认为，自己是个营销天才，完全可以在很多事上自己做决定，于是，他不再向老板汇报。另外，他还以老板自居，对其他员工吆五喝六，员工们背后都议论他"倚老卖老"，怨言很多。老板虽然有万般不舍，还是"挥泪斩马谡"，委婉地劝他离开。他只得黯然离去，另寻出路。

而郑爽和李丰不同，他在公司的时间短，从进公司的第一天开始，他一直保持低调的态度，在公共场合，他从来不反对老板的意见。偶尔遇到老板想法错误的时候，他则会私底下找老板沟通，阐述自己的想法，给老板决策提供一种参考。这样，老板比较容易接受，而郑爽也取得了老板的信任和支持，到公司仅一年就当上了广告部总监。

李丰和郑爽之所以有不同的职场命运，与二人的说话、行事姿态有很重要的关系，李丰虽然是公司元老，但无论对下属还是领导，都显得过于张狂，无奈之下领导只能将他开除。而郑爽的做法才是正确的，既给足了领导面子，在领导作出错误决定时，又能主动站出来提建议，不卑不亢地说话，这才是一个下属应该有的说话态度，领导自然会重用。

然而，要做到不卑不亢与人交往，需要我们做到以下两方面。

首先，摆正位置，以示真诚。与地位高者说话，要准确把握双方关系，给其以相应位置，充分表现出对他的尊重。比如，对于某嘉宾的到场，我们可以说："感谢您百忙之中抽出时间来参加我们的活动。"这是合乎交际现实的,不仅不会损害自己的"身价",而且会取得尊贵者的信任。

其次,找到自信,平等交流。有人说:"自卑等于自杀,你给自己贴了失败者的标签,就注定自己的一生是失败的!"交际在一个人的成功路上起着至关重要的作用,因此,自卑是我们在交际中应该克服的弱点之一,否则,我们将一事无成。我们发现,人之所以自卑,是因为自身有一些缺点,然后拿自己的缺点和别人的优点相比,然后在自己心里形成一个判断,进而导致了自己的自卑。

一天,纽约一个富商路过一条街道时,看见一个穿着破旧的尺子推销员,他顿生怜悯之情,便顺手丢给他一个硬币,当他准备离开时,突然又回过头,拿走一把尺子,并对这名推销员说:"记住,你也是商人,只不过我们经营的商品不同。"

一年后,在一个商业交际场合,一位穿着整齐的年轻人走到商人面前,对他说:"你可能记不得我了,但我永远忘不了你,我就是那个和你做交易的尺子商人,是你重新给了我自尊和自信。我一直觉得自己和乞丐没什么两样,直到那天你买了我的尺子,并告诉我我是一个商人为止。"

故事中,在遇到商人以前,因为缺乏自信,推销员一直把自己当作乞丐。而这就是为什么他总是无法让客户信服,而商人的一句话,让他猛然惊醒,找到自信后,他便开始了自己新的人生。缺乏自信是我们无法取信于人的重要原因，这可能进而导致我们事业上的不成功。

总之，与人交往，内心上尊重才是真正的尊重。只有在心理上有尊重对方的想法，才可能做出尊重对方的行为。所以，你必须牢记："每个人在人格上都是平等的。"不要因为看不起人就在沟通上使用轻蔑的口语，也不能当着对方一套，背地里又是另一套，那样迟早会让对方感觉出来你的诚意是有水分的，也许因此会让你失去他的信任。不卑不亢，才是赢取他人信任的最好方法。

虚怀若谷，欣然接纳他人的建议与批评

一代明君唐太宗李世民说过："以铜为镜，可以正衣冠；以古为镜，可以知兴替；以人为镜，可以明得失。"贞观之治乃至大唐盛世的出现，可以说是和太宗能听得进去宰相魏征的逆耳忠言有很大关系。然而，中国历史上，能虚心接受批评的帝王将相并不多，他们常亲小人远贤臣，最终被小人推进火坑，落得凄惨悲凉的下场。可见，"批评是一门艺术，然而接受批评更是一种气魄"这句话的正确性！人无完人，任何人的能力、品质都需要不断地完善，而通常情况下，人们对自己的缺

点和不足都没有足够清醒、正确的认识，如果我们能虚心接纳别人的批评，我们便能不断地完善自己。

陈怡是一名工程估价员，五年来，她出色的表现很快让她升为了这家公司的工程估价部主任，专门估算各项工程所需的价款。

然而，当了小领导后的陈怡似乎没有了当年在基层工作时的热情。有一次，一个核算员发现她的结算出了问题，算错了好几万的账，老板便找她过来，指出问题，并提出了一些批评，让她以后注意。谁知道，陈怡不但不愿接受批评，反而大发雷霆，甚至责怪那个核算员没有权利复核她的估算，没有权利越级报告。

老板看到她的这种态度，本想发作一番，但因念她平时工作成绩不错，便耐心地对她说："这次就算了，以后要注意了。"但是老板说这句话的时候，脸色已经变得阴沉了。

过了一段时间以后，陈怡又有一个估算项目被那名核算员查出了错误。这次她又像上次那样态度恶劣得很，并且还说是那名核算员有意跟她过不去，故意找她的麻烦，但等她请别的专家重新核算了一下，才发现自己确实错了。

这时老板已经忍无可忍了："你另谋高就吧！我不能让一个永远都不知承认自己错误的人损害公司的利益。"

这则职场故事中，陈怡为什么会被老板炒鱿鱼？原因很简单，正如这位老板所说"我不能让一个永远都不知承认自己错误的人损害公司的利益"。领导都希望自己的下属能把公司利益放在第一位，当工作中出现失误的时候，能主动承认，为自己的失职负责。实际上，即使我们真的为公司带来了某些利益的损失，只要我们认错态度良好，一般情况下，领导是不会为难我们的，相反，他们会主动协助我们尽量将失误带来的负面影响降到最低程度。

生活中那些听不进去他人意见的人，他们的弱点就在于，他们认为一旦接受了别人的批评就等于服从他人，就没了面子。而实际上，虚心接受批评不仅能帮助我们成长、弥补自身不足，更能树立我们在他人心中谦逊的形象，从而拉近人与人之间的关系。

我们每个人，在生活、工作、学习中，有时难免遇到挫折、失败乃至磨难。有些人会怨天怨地，满腹牢骚。但很少有人能找到自己的主观原因。因为人们常常会被自己的双眼蒙蔽。而当有人对我们指出错误，提出批评的时候，我们会有这样的想法：他怎么老是看我不顺眼？这个人真是讨厌，处处跟我作对。更有甚者，会对其进行攻击甚至报复。如此，我们自身的缺点和错误不仅得不到改正，还会理所当然地被隐藏，在我们身上肆无忌惮地发酵，直至一发不可收拾，后悔莫及。

其实，不妨反过来想想，此人对你有意见，毫不留情地指出你的失误和不足的地方，那说明什么问题呢？可能是你真的存在需要改进和完善的地方，你还做得不够好以至于不被别人认可和赞赏，你还需要自我检讨和反省。而这些东西不是我们随随便便就能意识到的，而是需要在他人的帮助下才能察觉并改正。比如，如果你的领导对你的工作问题提出了批评，那么，你首先要有一个良好的认错态度，并在能认识到自己的过错的基础上，虚心接受他们的"调教"。我们的工作中出现了失误，证明我们在处理问题上确实存在某些问题，而领导毕竟是过来人，富有我们所缺乏的很多工作上的经验。欣然接受领导的调教，不仅能提高我们的工作能力，还能获得领导的好感。

如果你能听进去别人的批评，然后从自身找问题，发现自己的不足之处，积极地虚心接受和改正，并不断地完善自己，就将积累起一笔宝贵的财富。这还将避免对方直接批评你时，你的感受或自尊可能受到的伤害。

总之，我们需要认识到的是，在我们的成长过程中，有人批评甚至咒骂并非坏事，有人这样对你，至少说明你是个有价值的人。所以，当别人批评你时，你千万不要为此不悦，反而应该欣然接受，他无偿地告诉了你现在正处于什么样的位置，你应该怎么做才能更好。很多人都不愿意接受别人的批评，或者不敢面对别人的批评。但是实际上，有了这些批评，你的进步会更快，你更能认识并了解自己。对于这样的收获，我们应该向批评我们的人表示感谢！从这个角度想，你会意识到是他让你从迷茫中醒悟，然后你便可以重新认识自我、审视自我。那么对方也会对你刮目相看，你的人际关系也会和谐融洽！

虚心请教，积累实力

俗话说"金无足赤，人无完人"，无论是谁，都有优点、长处，也都有缺点、短处，我们要想进步，就必须虚心向别人学习，取人之长补己之短，如此，才会有进步。与人接触实际上就是一个人成长的过程。然而，生活中，有一些人，他们自大自负、目空一切，在他们的眼里，谁都不如自己。也许他们是有很多过人之处，但任何人都不是全才，如果停止了学习的脚步，就会故步自封，止步不前。唯有取人之长补己之短，才能不断完善自己，少走很多人生的弯路。同时，请教他人还是一种低调处事的表现，更能帮助我们赢得他人的支持。

众所周知，爱因斯坦是个家喻户晓的科学家。一次，他的一个学生问："老师的知识都已经那么深厚和渊博了，为什么还那么好学呢？"

对于这个问题，爱因斯坦给了一个很幽默的解释："我们不妨把一个人的已学到的知识放到一个圆里，那么，他没有学到的，就是圆外的部分，那么，不难理解的是，圆越大，其周长就越长，他所接触的未知部分就越多。现在，我这个圆比你的圆大，所以，我越来越发现，自己不了解的知识还是有很多，这样的话，我怎么能不努力学习呢？"

天外有天，人外有人。很多事物的优越性都是相对的，我们所拥有的，永远都微不足道，所以我们没有理由不谦虚。

德国自然科学家洪堡曾说过："伟大只不过是谦逊的别名。""梅须逊雪三分白，雪却输梅一段香。"一个人要想真有长进，不仅需要谦逊，还要有雅量，要放下架子，不耻相师。

然而实际上，在我们的周围，有这样一些人，他们很自负，他们认为自己无所不知，认为自己专业能力过硬，甚至把自己与同事们在很多问题上的分歧归结为自己的魅力所在。他们之所以这样自负，很多是因为他们有着高学历、好背景，实际上，文凭只代表你过去的文化程度，你的背景并不能证明什么，需要记住的是，如果想在优秀的企业中站住脚，就必须从小事做起，积极主动地向旁边的人学习。反之，你就不可能在竞争激烈的职场当中有所成就。

总之，人际交往中，我们一定要放低身份，表现出自己的良好修养，这一点，在与比自己身份低的人说话时尤为重要。

偶尔说一说"我不是很能理解""请您再说一遍好吗？"之类的语言，会使对方觉得你富有人情味，没有架子。相反，夸夸其谈，咄咄逼人，容易挫伤别人的自尊心，引起反感，以致他人筑起防范的城墙，从而让自己陷入被动。

我们在求教他人前，需要非常了解自己的优点和缺点，同时不断地改善自己的缺点，这样成功的概率会比较大。一个人的知识和本领总是非常有限的，所以，应该谦虚一些，多向别人学习。不自夸的人才会赢得成功；不自负的人才会不断进步。我们往往不缺乏学习，而是缺少发现，这取决于你用什么眼光、从什么角度去看待每个人。"三人行，必有我师"，要善于取人之长，补己之短，不懂、不会，要不耻下问，切忌不懂装懂，掩耳盗铃，自欺欺人，待人接物要礼让谦恭，用谦虚的态度博得他人的认可，在与人交往中不断提升自己的水平。这一点，先师孔子为我们树立了一个很好的榜样。

孔子一直被中华儿女尊称为"孔圣人"，他有弟子三千，并有《论语》传世。孔子是个学识渊博的人，但却一直很好学，并且常常"不耻下问"。

一次，他和弟子们去太庙祭祖。一进太庙，孔子就对很多问题产生了好奇心，于是，他就不断发问。

于是，有人笑道："孔子学问出众，为什么还要问？"

孔子听了说："每事必问，有什么不好？"

他的弟子问他："孔圉死后，为什么叫他孔文子？"

孔子道："聪明好学，不耻下问，才配叫'文'。"

弟子们想："老师常向别人求教，也并不以为耻辱呀！"

这就是孔子"不耻下问"的故事，一个学问如此渊博的人都谦逊于人，何况我们呢？

试想，有谁会喜欢拥有高高在上的姿态，得意忘形的面孔，颐指气使的神情，专横跋扈的气势的人呢？

因此，我们首先就要树立正确的观念，这样才能学得自觉，学得长久，提高自身素质。实践告诉我们，善借外智，才能思路开阔；善借外力，才能攀上高峰，一个国家和民族也才能兴旺发达。否则，只会停滞不前。

然而，要做到真正的求教，还需要你持之以恒。三天打鱼，两天晒网，见异思迁的学习是不能产生令人满意的效果的。向他人学习，必须从不自满开始，无论取得多好的成绩，也不能停顿。

另外，放低姿态，不是低声下气、奉承谄媚。说话、做事时放低姿态是一种艺术。尤其是在我们得意之时，与同事说话，要谦和有礼、虚心，才能显示出自己的君子风度，淡化别人对你的嫉妒心理，维持和谐良好的人际关系。

随着社会的不断发展，人人都在不断向前边进。我们若想成长、进步，就必须放下"架子"，丢掉"面子"，虚心地向他人请教，见先进就学，见好经验就取，才能不断提高，不断进步，最终实现自己的人生理想与追求。

给他人机会，也是给自己机会

人生在世，无论是谁，一生的活动无非有两项：一为说话。二为做事。但无论说话还是做事，都必须既有条又有理。其中的条理，即为"度"的把握，中国人有句极具哲理的话："话不说满，事不做绝"，这句话的含义是，为人处世要低调，要把握好分寸，很多时候，给他人留有机会，也就是给自己拓展空间；而做人太嚣张、对他人赶尽杀绝，也无疑断了自己的退路。反过来，给他人机会，就等于是在为自己拓展空间。

我们先来看下面一个民间故事：

在明朝时期，尤老翁在苏州城里开了一个典当铺。这位尤老翁平时最懂得忍耐，因此，无论是街坊邻居，还是外来客人，都喜欢跟他打交道。

有一年快到年关的时候，尤老翁正在屋里盘账，忽然听到外面有吵闹的声音，于是匆忙地跑了出去。到了柜台，他看见穷邻居赵老头正在与自己的伙计吵架。尤老翁明白，这个赵老头是一个蛮不讲理的人。他没去问个究竟，就先将伙计们训斥了一遍，然后好言向赵老头赔不是。然而，赵老头丝毫不给尤老翁面子，还是板着脸，站在柜台前不说一句话。

这时，心中委屈的伙计悄悄对老板说："老爷，他前些日子当了一些衣服，现在他不还当衣服的钱，却硬要将衣服拿回去。我要向他解释，他竟然破口大骂，我真的不知道该怎么办才好。"尤老翁也知道不是自己伙计的过错，他先吩咐伙计去照料其他的生意，决定亲自来应付这个蛮不讲理的赵老头。忽然，他头脑中想到了办法，快速走到赵老头身旁，语气恳切地说："老人家，不要再对刚才的事情耿耿于怀了，不要跟我的伙计一般见识，你就消消气吧，大家都是熟人，我不会介意这种小事的，衣服你就拿回去穿吧。"

不等赵老头回答，尤老翁就吩咐伙计将其典当的衣服拿过来。但赵老头似乎一点也不感激，拿起衣服就走。尤老翁并不在意，而是含笑拱手将老头送出大门，然而就在这天夜里，那个赵老头竟然死在了另外一家典当铺里。

原来，这位赵老头负债累累，家产早已典当一空，走投无路之下，他寻了短见。他预先服下了毒药，先来到尤老翁的当铺吵闹，想以死来敲诈钱财，没想到尤老翁一向善于忍耐，宁愿自己吃亏也不跟他计较，他觉得敲诈这样的人实在不忍心，就决定离开尤老翁的典当铺。就这样，他来到了另外一家当铺，结果毒性就发作了。后来，赵老头的亲属向官府控告这家店铺逼死了赵老头，与他打了好几年的官司。最后，那家店铺筋疲力尽，花了很多钱才将这件事摆平。

后来，人人都说尤老翁料事如神，可尤老翁说："我并没有想到赵老头会走到这条绝路上去。我只是觉得，凡事多退一步，给人留一步，也是给自己留条退路。"

这样一个普通的民间老翁，却是一个生活的智者，他的做法为自己避免了一场灾难。他的这种心态可谓是能屈能伸、方圆做人的至高境界了。然而，我们不难发现，我们生活的周围，却有一些人，他们凡事逞强好胜，在得意之时嚣张跋扈，丝毫不给失意之人机会。实际上，很可能会断送了自己的退路。

我们再来看下面的寓言小故事。

远古时期，有群水牛，它们推举某个雄壮、德高望重的公牛作为它们的领袖。

这天，在水牛王的带领下，众水牛出来觅食，谁知，途中，它们遇见一只顽猴挑衅，还向水牛王抛掷石块。顽猴的行为激怒了众水牛，正当它们要报复时，水牛王阻止了它们。有水牛问它为什么要这样懦弱，以众水牛的力量，完全可以惩治这只顽猴。树水牛王说了一段偈语来回答："彼轻辱贱我，又当加施人；彼人当加报，尔乃得牲患。"过了一会儿，有一伙婆罗门经过这里，那只猴子又故伎重演，打了这伙婆罗门。结果，被人抓住，痛打致死。

这则小故事中，水牛王是有远见的、聪明的，低调一点，换来的是和平。而猴子是无知的，它去招惹婆罗门，无疑是拿石头砸了自己的脚，而这更应验了水牛王的话，"彼轻辱贱我，又当加施人；彼人当加报，尔乃得牲患。"

俗话说得好，"物极必反""满招损，谦受益，时乃天道。"水缸装满了水，再往里面添水，就会往外溢，这就是物极必反。事物发展到了极端，必然朝着相反的方向发展。我们为人也不可太狂妄，更不能欺人太甚，以强凌弱，给别人留后路也是给自己留退路。有时受欺者貌似软弱，实际上是胸怀宽广，不斤斤计较。当你受欺之后，不必忿恨不已，更不能冲动地做出让自己后悔的事。

所以，人们做事时一定要为他人留有余地，这也是给自己留条退路。比如，当你到达了非常显赫的位置或在事业上取得了非常大的成功，你就不能再争强好斗了，而应该与别人分享，与别人合作，同舟共济，采取低调学习的态度，才不至于骄傲自满。再比如，在与人竞争的过程中，在奠定了自己必胜的战局时，要给别人留一条退路，同时也给自己留一条后路；而做得太绝，不留后路，可能会马失前蹄，一败涂地。说话、做事讲求弹性、把事做得更加灵活、进退得体，无论在社交还是求取成功的过程中，你都会如虎添翼！

你敬他人三分，他人敬你七分

"你敬我一尺，我敬你一丈"，这原本是在酒桌等社交场所常听到的一句话，但也是一种低调为人的行事原则。的确，尊重别人是一种美德，受到别人尊重也是一种幸福。但尊重是相互的，我们若希望得到他人的尊重，首先就要尊重他人。为了个人的目的不惜损害他人的利益，是一种不道德且不可取的行为。尊重他人是做人最起码的准则，更是一种谦逊为人的体现。相反，不知道尊重别人的人，是走不远的，逞一时之快，自私自利的人，是不会受到大家的欢迎与认可的。

在中国民间，流传着一个故事：

一天，唐伯虎到西湖游玩，又累又饿，便在西湖边某酒楼里吃了一顿午饭。当他找来店小二准备结账时，发现身上的钱袋居然丢了。唐伯虎居然陷入吃饭没带钱的窘境，他急得一头汗，但聪明的他很快想到一个解决问题的办法，啪，打开手中扇紧摇慢扇……看到扇子他来了主意："就凭我的画，怎么着也得值几个金元宝。"没想到，店小二根本不识货，也不知道站在自己面前的就是唐伯虎，而老板又不在，做不了主。唐伯虎一时来了气，他吆喝起来："谁买扇？"

这时，旁桌一个富态的中年人走过来，一把拿过唐伯虎的扇子，然后很轻蔑地说："画的什么呀这是？简直一文不值。"随手扔在地上,唐伯虎此时相当郁闷。

看到这里,在场的一个知识分子实在忍不住了,他原本只是打算为一个无钱付账的食客打抱不平,但却眼前一亮:"天哪,这不是唐伯虎的墨宝吗?"再看这个食客,果然是唐寅,因为一个文人的气质是与众不同的。这位知识分子激动而又景仰地向大家宣布:"大家看,这位就是江南第一风流才子唐伯虎!"所有人都惊喜不已,有的抢着与唐伯虎搭讪,有的则在争购唐伯虎的扇子。

此时,得到解救的唐伯虎自然是感激涕零:"这扇子我谁都不卖,只给他!"

受宠若惊的知识分子连忙笑着说:"我这兜里只有10两银子,买不起,买不起!"唐伯虎说:"不必,我只收您5两,多了也不要。"

刚刚那位嘲弄唐伯虎的富商一看这阵势,知道自己有眼无珠,没认出大名鼎鼎的唐伯虎,于是,只好赔礼道歉:"算我瞎了眼,您的画那是天下少有的精品,您喝,喝!"然后把唐伯虎灌了个醉意朦胧。酒酣之际,富商说:"您还是将扇子卖给我得了,我多出价钱!高他两百倍!"

唐伯虎当然不会答应,于是,只说了两个字:"没门!"

富商很是不快,露出本来面目:"你吃了我的,喝了我的,就白吃白喝啦?!"唐伯虎:"这饭是你请的,酒也是你请的,又不是我要吃，吃了不就白吃？"引得众人起哄不止。

此时，人群中有人劝说唐伯虎："给点面子，给点面子！此人不能惹，他是本地四大富商之一。"

唐伯虎："嘿。我还真不知道，既然如此，我就为您当场画一张吧。"

待笔墨齐备，唐伯虎在他后背上刷刷写上几笔，然后拉着那位知识分子大步离去。众人看画，纷纷憋笑。富商脱衣一看立马晕倒。

那上面留着唐伯虎的笔墨：王八。

你敬他人三分，他人敬你七分。唐伯虎的趣味故事，给了我们一些敬与互敬的启发：互相敬重要平等，弱势的人也应当被敬重人格，因为不知道哪一天"我敬的人"就可能回报"我"以更有意义的"回敬"。

总之，尊重别人并不代表你的懦弱，蔑视别人也不能表示你的强悍。在人与人之间的交往中，需要理解、信任与尊重。你对他人的尊重必当换来他人同样甚至更多的"回敬"。

为此，从现在起，你要努力做到以下几点：

首先，多审视别人的长处和自己的短处。因为具有骄矜之气的人，大多自以为能力很强，很了不起，做事比别人强，看不起别人。更由于骄傲，往往听不进去别人的意见；由于自大，则做事专横，轻视有才能的人，看不到别人的长处。因此，待人处事，要多审视自己的短处，看到别人的长处，才能逐渐变得谦卑。

其次，学会热情待人。热情是傲慢的天敌，与人交往，形成良好印象时，热情是第一个被对方感知到的品质，这也是人际交往中的心理规则。因为人们总是有这样的感觉，那些热情的人肯定会有一些其他良好的品质，如有爱心，乐于助人，对生活保持乐观态度，容易接近等，而这些都是人们在交往中希望看到的。

当然，最重要的一点还是以诚待人。这是赢得信任的最基础条件。真诚是连接人与人之间心灵的桥梁，一个人只要真诚，总能打动人。真诚是一种巨大的人格力量，一旦具备了真诚的人格品质，你在别人印象中就与信用、善良、美德结缘。

人们常说，人生本是一出戏，其实，人与人之间也是一场场游戏。游戏自有游戏的规则，想要和谐相处，闯关成功，那必定要遵循这一场场游戏的规则，如果有人最先破坏了这一规则，那么必将在这场游戏中首先出局。其实尊重别人很容易，尊重了别人，别人也会尊重你，即使那个人是你不喜欢的，那么请你尊重他的语言，把他的话认真对待，受到帮助时不妨说声"谢谢"，做了错事说声"对不起"。尊重他人，其实也是尊重自己。让我们都能拥有这种美德，让幸福之花处处开放吧！

第七章
修养身心，抵制诱惑，淡泊名利

在生活中，处处皆有诱惑。面对诱惑，有的人心神不宁，最终被诱惑俘虏，放弃了做人的底线；有的人坚守自我，坚持自己的原则，不为诱惑所动。大千世界，闪烁的霓虹灯，各种各样的诱惑在向你招手，你，准备好面对诱惑了吗？只有淡泊明志，宁静致远，才能坦然地面对诱惑，固守本心。

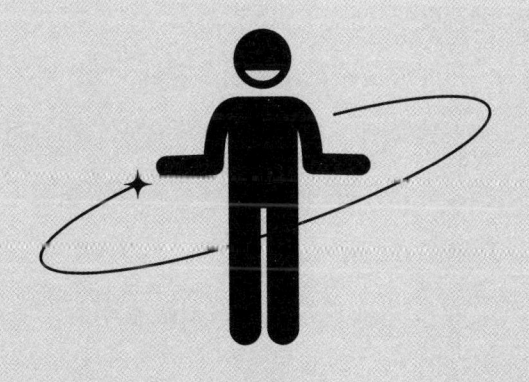

诱惑处处有，摒弃贪念才能内心安宁

在世界的每一个角落里，都充满了诱惑。各种各样的诱惑像空气一样，无处不在，无孔不入。有的人能秉持自己的原则，面对诱惑不为所动；有的人却充满贪念，面对诱惑心神不宁。在繁华的大千世界里，有太多的物质诱惑使我们眼花缭乱，在金钱、名利的诱惑下，又有多少人丧失了最初的善良、生活的目标、做人的底线。在诱惑面前，人们的欲望在急速膨胀着，渐渐地迷失了自我，坠入了无底的深渊。在诱惑面前，多少灵魂摇曳不定，失去了人生的方向和目标。

很多年轻人失去了生活的方向，找不到自己的位置，徘徊在闪烁不定的霓虹灯下，为了开上名车、住上好房，不惜铤而走险，走上了犯罪的道路；还有很多官员，为了拥有更多的金钱，放弃了做人的原则，成了国家的"蛀虫"。总而言之，世界充满了诱惑，不管你走到哪里，诱惑都会像细雨一般洒落在你的身上，打湿你的心灵。

2006年，章华从某名牌大学的金融系毕业，应聘到一家期货经纪公司工作。章华的专业知识非常扎实,能力很强,再加上他在工作中积极肯干,任劳任怨,因此,进公司没多久,就因为业绩出色被提拔为公司副经理,负责主持某营业部的工作。上任之后,章华志得意满,想在公司里大展宏图。不过,这个时期期市很低迷,所以,章华决定另辟捷径。一个偶然的机会,章华得知大豆的行情不断看涨,因此他跃跃欲试。刚开始,章华只是用自己的积蓄进行了投资,不过,收获却很大,这使他觉得自己的聪明才智在期市里得到了充分发挥。因为他的积蓄有限,所以,他就萌生了用公款炒大豆的想法。章华天真地以为,用公司的资金炒大豆,赚来的钱上缴公司一部分,作为公司的创收,另外的一部分则可以据为己有。2008年2月到8月间,章华打着经营需要的旗号,先后两次以公司的名义在银行贷款500万元,私下里却用于炒作大豆,并且从中获利68万元。2008年9月至10月,章华又陆续挪用公司客户的200万元保证资金,仍然用于炒作大豆,并且获利12万元。没多长时间,他把资金返回客户的账户,只将所赚全部收入的30万元上缴公司,自己独吞了剩下的50万元。法网恢恢,疏而不漏。不久,章华违法犯罪的事实就被公司高层发现了,因为靠不正当手段攫取利益,章华最终被判处有期徒刑六年,缓期三年执行。

再看下面这个故事。一个顾客走进一家汽车维修店,说自己是某家运输公司的司机。他径直找到店主,对店主说:"有件天上掉馅饼的好事，我想你一定愿意干。"老板不明所以，问道："这个世界上，真的有天上掉馅饼的好事？我可不相信。"这个顾客神秘兮兮地说："其实很简单，只要你把我账单上的金额多写一些，我报销完，肯定会分一些好处给你。"出乎他意料的是，店主断然拒绝了这样的要求。顾客纠缠不休，继续诱惑店主说："我可是你们的大客户，只要使我满意，我以后会把公司所有的修车业务都拉到你这里来的，你肯定能从我这里赚到很多钱！"店主还是坚持自己的原则，告诉顾客，即使有再大好处，他也不会这么做。顾客见说服不了店主，生气地说："你可真傻，这种好事谁都会干的！"听到这句话，店主火冒三丈，他让那个顾客赶紧离开，到其他地方谈这种见不得人的生意去。此时，顾客却一反常态地露出笑容，并且满怀敬佩地握住店主的手："哈哈，你就是我要找的人！实话告诉你吧，我就是那家运输公司的老板。这么长时间，我一直在寻找一个固定的、值得信赖的维修店。显然，你就是最佳人选。看来，我以后不用再为此发愁了。"

　　面对诱惑，章华和维修店老板采取了截然不同的态度，因此，他们的人生也走上了不同的方向。章华收获的是良心的谴责和法律的制裁，维修店老板收获的是良心的安宁和正当渠道的获益。如果是你，你会选择哪一种？相信大多数都会毫不犹豫地选择第二种。但是，真正面对诱惑的时候呢？你还能坚定自己的内心，像维修店老板一样毫不动摇吗？面对小利益我们也许能够坦然拒绝，而当面对巨大的利益时，你还能坚持自己的原则吗？毫无疑问，在众多的诱惑中，金钱的诱惑是最大的，因为每个人要想生存或者更好地生活，就必然离不开金钱的支撑。尤其是现代社会，物质很丰富，很多奢侈品需要大量的金钱才能得到。

上帝说："富人要想进天堂，简直比骆驼穿过针眼还难。"这是为什么呢？富人那么有钱，可以为自己创造最优厚的物质条件，他们的生活简直就像在天堂一样舒适惬意，不进天堂也像在天堂似的幸福，此言何出呢？其实，事情并不像人们所想的那么简单。很多时候，富人的心中全是财富，所以根本没有天堂的位置。此外，他们总是为了聚敛财富而费尽心思、绞尽脑汁，甚至不惜坑蒙拐骗，尔虞我诈。在历尽千辛万苦终于拥有了财富之后，他们的内心依然得不到宁静，开始担心怎样才能守住财富，不被别人抢走、偷走。这样一来，他们每天就会心神不宁，愁眉不展……由此可见，贪婪的程度不但决定了财富的厚度，也决定了烦恼的程度。

一般情况下，人们认为拥有的财富越多，生活就越幸福。其实，这种观点是错误的。现代社会，虽然实现了经济的巨大增长，但是人们的幸福指数却没有快速提高，甚至还在不断降低。究其原因，很可能是人们的贪念越来越大，越来越难以满足，因此安全感和幸福感都随之下降。假如财富未必能给我们带来幸福，那么我们为什么还要放纵内心的欲望呢？古人云，无欲则刚。假如我们能够降低自己的欲望，控制自己的贪念，只争取自己应该得到的东西，我们就能够更轻松地获得满足。这样一来，既避免了心神不宁的痛苦，也使自己的幸福感得以增强。

内心淡然，不为名利分心

自古以来，文人墨客们就写下了很多诗句来表达自己淡泊名利的豁达心胸，诸如"宠辱不惊，闲看庭前花开花落；去留无意，漫随天外云卷云舒。""不以物喜，不以己悲。""非淡泊无以明志，非宁静无以致远。"在生活中，有的人追求金钱权势，有的人追求名利，这两样东西无疑是最吸引人们的。然而，很多时候，假如我们过于在乎名利，就很容易随波逐流，无法坚守自己的原则，甚至迷失人生的方向。邹韬奋曾经说过："一个人赤裸裸地到这个世界上来，最后赤条条地离开这个世界，最终醒悟，名利是身外之物，只有尽一个人的心力，使社会上的人多得他工作的裨益，才是人生最愉快的事。"然而，大千世界，五彩斑斓，充溢着形形色色使人们难以抵制的名利诱惑，只有拥有达观的人生态度、淡然的处世风格，才能够修养到淡泊名利的人生境界。生活在这个物欲横流的社会中，大多数人都无法彻底地摆脱名利的诱惑。因此，只有成为一个有道德的、睿智的、有勇气的人，才能做到不为名利所累，摆脱低级的人生趣味。在大多数情况下，这样的人都能以理智和从容的态度对待名利，对生活怀着美好的向往，维持自己的人格和尊严。

生命的过程不可能重新开始，因此，我们必须珍惜这仅有的一次生命。面对生活中各种各样的取舍和诱惑，我们必须充实自己的内心，坚守自己的心灵，以清醒理智的态度步履从容地走过人生的岁月。只有这样，我们的生活才会更加轻松自在，我们的人生才会丰富多彩，豁然开朗！其实，很多人都想修炼自己的心性，使自己淡泊从容。但是，淡泊是一种很高的人生境界，你必须有宠辱不惊、得失不计的人生态度，才有可能拥有这种极高的思想境界。淡泊是一种品质，一种德行，一种修养，值得你用自己的一生去追寻。当然，所谓的淡泊并不是指无欲无求。众所周知，人生就是由一个个欲望组成的，合理的欲望是人生的原动力。所以，淡泊指的是正确取舍，属于我的，当仁不让，不属于我的，千金难动其心，这才是真正的淡泊。

焦裕禄同志于1922年8月16日出生在山东省淄博市北崮山

村的一个贫农的家庭。1946年1月，他因为表现突出在本村加入中国共产党，同年参加本县区武装部工作。解放战争后期，焦裕禄随着军队离开自己的家乡，到河南尉氏县工作。1953年至1962年期间，焦裕禄担任洛阳矿山机器制造厂的科长，兼任车间主任。1962年12月，在党组织的安排下，焦裕禄到兰考县先后任县委第二书记、书记。上任之后，他马上带领全县人民进行封沙、治水、改地的斗争。在工作中，焦裕禄一直以身作则、身先士卒；顶着倾盆大雨，他带头踏着齐腰深的洪水观察洪水的流势，抗洪救灾；迎着肆虐的风沙，他带头去查风口，探流沙；冬天，风雪铺天盖地而来，他率领干部访贫问苦，登门为群众送救济粮款。在任期间，他经常与劳动人民同吃同住同劳动，困了就钻进农民的草庵、牛棚之中睡一觉，饿了就喝凉水，饿了就吃冷窝头。在工作过程中，焦裕禄同志积累了很多带领群众与自然灾害斗争的宝贵经验，这些经验成为他带领全县人民战胜灾害的有力武器，成了全县人民的共同财富。

王进喜，祖籍甘肃，是新中国第一批石油钻探工人。因为工作出色，被评为全国劳动模范。15岁那年，王进喜成了玉门石油公司的一名普通工人。中华人民共和国成立后，王进喜历任玉门石油管理局钻井队长、大庆油田1205钻井队队长、大庆油田钻井指挥部副指挥。1956年，33岁的王进喜成了一名光荣的中国共产党党员。入党以后,他更加刻苦地工作着,日夜奋战在工作的第一线。他率领1205钻井队艰苦创业,打出了大庆第一口油井,并且创造了年进尺10万米的世界钻井纪录,为我国石油事业立下了很大的功劳。他不仅充分表现了大庆石油工人的英勇气概,而且成为中国工业战线一面火红的旗帜。在王进喜的心里,始终有一个坚定的信念,即"宁可少活二十年,拼命也要拿下大油田"。在这个信念的支撑下,他干劲冲天,勇往直前,被人们誉为"油田铁人"。1959年,在全国"群英会"上,36岁的王进喜被授予全国先进生产者称号,被评为全国劳动楷模。

不管是焦裕禄还是王进喜,他们之所以能够成为全国人民竞相学习的楷模,就是因为他们淡然地对待名利,一心一意地为人民做实事,做好事。毫无疑问,社会需要更多的淡泊名利、为国家和人民贡献一己之力的人才。要想复兴中华宏图伟业,大力发展社会经济,就需要每一位公民淡然地对待名利,远离浮躁。虽然大部分党员干部都能静下心来任劳任怨地为人民服务,但还是有一部分党员干部心浮气躁,一心只想往上爬,根本不顾及老百姓的生活疾苦。他们为了功成名就,做足了面子工程,根本不顾及老百姓的感受,甚至还有些人以公谋私,大肆挪用、挥霍公款,追求物质生活的享受。为了国家的繁荣和富强,必须杜绝这些脱离党的宗旨、与群众离心离德的现象，否则，社会就很难发展，人民的生活也不会真正幸福。

社会是由众多个体组成的，要想形成良好的社会风气，每个人首先应该达到这种淡泊的境界和气度。当然，未必每个人都能达到这种思想境界，但是每个人都应该努力追求这种境界。因为，要想淡然地对待名利，宠辱不惊，就必须拥有这种境界。一旦拥有了这种淡泊的境界，我们就能够净化自己的心灵，陶冶自己的情操，做到"宠辱不惊，闲看庭前花开花落；去留无意，漫随天上云卷云舒"。要想追求淡泊的境界，我们就要学颜回"一箪食，一瓢饮，不改其乐"；学郑板桥"扫来竹叶烹茶叶，劈碎松根煮菜根"，让自己淡然自若地接受生活与世间的一切馈赠。只要你拥有淡泊的心境，就能够不为外物所动，乐享清贫、笑对人生。

清心寡欲，悠然天地宽

站在喧闹的街头，看着熙熙攘攘、川流不息的人潮，你是否有一种身处闹市却莫名失落、驻足人群却无处倾诉的感觉？很多时候，这个世界很热闹，热闹得让人无处容身；很多时候，这个世界很冷漠，冷漠得只剩下你自己。假如你不能调节自己的心态，让自己平静地面对所有不平静的人和事，那么，就请试着清心寡欲，心静如水。

《论语别裁》中说："有求皆苦，无欲则刚。"其实，欲是人的一种生理本能，每一个人都有形形色色的"欲"，有的时候，合理的欲望是人们生存的原动力。不过，凡事都不可过度。假如对欲望不加以合理控制，人们就会有越来越多的贪念，最终导致欲壑难填。在生活中，越来越多的贪求欲者被物欲、财欲、权欲、色欲等迷住心窍，攫求无度，最终纵欲成灾。然而，一个人活着就无法摆脱各种各样的欲望，只要有欲望，就会有所求，而有所求又必然导致人们与痛苦纠缠。其实，总体来说，人活在世界上有所为有所求包括以下三件事情，即权力、真爱、知己。相比之下，权力是最容易得到的，可遇亦可求。但是，真爱难寻，可遇而不可求。那么，知己呢？古人早已给出了答案，人生得一知己足矣，夫复何求！正因为如此，佛家才说：有求皆苦，无欲则刚。民族英雄林则徐在查禁鸦片期间曾写下一副自勉的对联，"海纳百川，有容乃大；壁立千仞，无欲则刚"。毫无疑问，这是林则徐一生的信条和写照。圣贤之言，需要我们一生仰视，而圣贤之教，更需要我们一生品悟。

有位出租车司机早晨出家门的时候随手带下来一袋垃圾，因为着急，他把这袋垃圾放在后车座上，没有及时丢掉。

巧的是，这部出租车后来载了一位中年女士。这位女士刚上车，就眼尖地发现了那袋鼓鼓囊囊的东西。瞬间，她的心像奔跑的小鹿一样突突地跳开了。她死死地盯着那袋东西，心里想："这袋东西是什么呢？肯定是前面的那位乘客不小心忘在车上的。"她偷偷地随手摸了摸那袋东西，感觉里面塞得满满的。因此，她小心地防范着司机，生怕被司机看到。终于，她趁司机正在专心开车时，神不知鬼不觉地把那袋满满的东西塞进了自己随身携带的包里。

有一只狐狸对一座葡萄园垂涎已久，但是因为葡萄园中有一只恶狗看门，因此它一直不敢靠近。有一段时间，恶狗消失了，所以狐狸迫不及待地想溜进葡萄园中大饱口福。但是，它遗憾地发现栅栏的空隙太狭窄了，它根本挤不进去。为此，它忍住饥饿，整整节食三天，终于能够钻进去了。然而，当它酣畅淋漓地吃完，却发现自己又变胖了，肚子鼓鼓的，根本钻不出来。无奈之下，它不得不故技重施，在里面又饿了三天，才顺利地出来。这只狐狸感慨万千地说："忙来忙去，还是一场空。"

也许很多人看过诸如此类的小故事，但是，又有几人能够真正理解故事中的含义呢？反观自己的生活，我们不由得扪心自问：我整日忙忙碌碌是为了什么？有诗云："万里长城今犹在，不见当年秦始皇。"时间就像流水一样，一去不返，生命也没有重新开始的机会，因此，我们一定要认清楚自己的内心，知道自己想要什么样的结果，而不要为了一时的诱惑，迷失了人生的方向。在生活中，我们是不是曾随手拿过一些自认为很珍贵的东西？其实，那只不过是一些毫无用处的垃圾而已。

必须认识到，欲望是思想的热病，它非但不能使我们变得坚强，还会使我们越发衰弱。试问有几人能够做到清心寡欲，静心修身？有求皆苦，无欲则刚，是一种修养、一种人格，更是一种理想的人生状态。作为凡夫俗子，我们很难真正达到如此超然豁达的境界，但是，我们可以追求一种与之相近的境界。所谓无欲，在现实社会中，并非指纯粹意义上的四大皆空、六根清净，而是要求我们严于律己，控制自己的邪恶私欲，防止它们滋生膨胀。每个人的内心世界都是各不相同的，因而世界也处于万千变化之中。要想让自己的内心恢复清静，就要减少自己的欲望，只有这样，才能以平常心处世，才能用平静的心情面对纷繁复杂的生活，才能以平和的心理面对世态的炎凉，才能以安静的心态应对嘈杂的大千世界。总而言之，只有保持不变的"无欲"，清心静心，才能从容应对瞬息万变的世界。

接纳
内心平和从而获得和保持快乐

淡泊明志，宁静致远

当今社会，竞争之激烈不言而喻，为了生存，为了发展，大家不得不参与竞争。优胜者就会有一种荣誉感，会得意洋洋、傲气十足；而失败者则会有一种羞耻感，自以为在众人面前抬不起头来，这样无疑加重了自己的心理负担。事实上，真正快乐的人是内心淡定的，他们以"淡泊明志，宁静致远"为人生信条，他们崇尚简单的生活，极少抛头露面，换来的是对人生、对社会的宽容、不苛求和心灵的清净；他们像秋叶一样静美，淡淡地来，淡淡地去，活得简单而有韵味。

街头有一名男子，背着吉他，为过路的人弹唱。有一位姑娘路过，感到很吃惊，问这男子，你这么年轻为什么在这街头卖唱？这男子也很吃惊，说道，我觉得这样很好呀！这样能给大家带来幸福！我每天过得很充实，不觉得低贱。难道金钱就可以决定幸福与否吗！

从这件事可以看出：价值不能用金钱与物质衡量！幸福不是金钱带来的。只有放下对物质的追求，注重精神世界的充盈，人们才能真正活出自我，会更容易得到幸福！

我们不难发现，内心淡定的人，即使再忙碌，也会偷出空闲，滋养自己。他们会在灯下读点书，修复日渐粗糙的灵魂，使自己依然温婉和悦。朱自清先生在散文《荷塘月色》中写过这样一段话："我爱热闹，也爱冷静；我爱群居，也爱独处。"人在独处之时可以想许多事情，可以不受他物的牵绊，让自己的思想尽情遨游，在深思熟虑中获得生命的体验与感悟。这便是孤独的妙处吧。

你是否有过这样的经历：紧张的忙碌工作之余，你离开办公桌，沏一杯咖啡，来到窗前，静静俯瞰这城市中匆匆行走的人们，是否觉得自己累了太久，寂寞好难得？在万籁俱寂的子夜时分，你沉沉地睡去，但一想到次日依旧要面临繁杂的工作、生活，你是否觉得心力交瘁？你听够了上司的训导，同事的唠叨，孩子的哭闹，家人间的争吵，你是否渴望独处？

的确，在人的一生当中，寂寞、独处的时间实在太少了，尤其是在这喧哗的世界里，难得寂寞一回！在大都市里，寂寞真的是一种少有的平静，没有压力，没有喧哗，只有安静，只有自己的呼吸，只有平平淡淡。在万物沉睡的凌晨，在肃静的内室之中，或是在空旷的郊野，凡尘琐事离我们远去了，忧虑与烦忧也不再缠绕我们，我们的内心自然会生出许多平安欢喜的感激之情。此时思绪静止，内心安详而淳朴，你会感到一种与天地同在的醉意。

刘女士的儿子刚上小学，孩子所在的小学离刘女士原先的单位有一个多小时的车程，为此，她辞了职，在儿子学校附近的一个公司找了份工作。

在一篇日记中，刘女士记录下了自己的所思所想：自从到这边来上班，几乎就没有了独处的时间，办公室是三个人共用的，似乎什么都是大家的领地，幸好大家相处是愉快的，事情也做得够漂亮，总有忙不完的事情。工作之余的时间，多是给了孩子，给了家庭，偶尔的独处，也是在阅读中掩藏自己。"寂寞"这个奢侈的词已经远离了自己。

今天下午开会然后放假，我是带着提前放假的孩子来开会的。会后，大家都回家，我一个人在办公室，继续上次未完成的一段视频编辑。孩子和陈先生的儿子一起玩，而我一直坐在计算机前，同事们都走了，后来孩子也被他爸爸接回去了，只有我一个人坐在空空的办公室，等待着文件的生成、刻录。寂寞中，有了整理心情的想法，于是诞生了连续几篇的散乱文字。

本来还是夕阳正好，不觉间夜色已肆意蔓延开来，偌大的校园已经寂静一片。站在窗前，视线是极好的。不远处已是灯火阑珊，围墙外的道路上，街灯安静而闲适，总是让我回想起十多年前的一些黄昏，高中时一个人走在上晚自习的路上，冬日的黄昏，橘黄色的街灯点缀着深蓝色的天幕，有时飘雨有时落雪，更多的时候无风雨也无晴，一如自己的大脑，疲惫后的宁静与超然；还有的黄昏，站在大学七楼的寝室窗前，眺望不远的山上忽明忽暗的灯光，嘉陵江的水声仿佛穿透夜色低语着。思绪缥缈，似乎总也不知道家在何方，总有着无限的希冀，当然也有过彻底的绝望，那时候彻底地明白了一句话：热闹的是他们，而我什么都没有。

寂寞的、超脱的，一种很微妙的感觉似乎成了自己对黄昏最热切的期盼。毕竟我们都是红尘俗世中纠缠着的众生，谁也超脱不了。

文件制作完成，我于是关上窗户，收拾心情，踏上回家的路。明天，又是一个不短的放假天。真好。

故事中的刘女士是个懂得让自己内心平静的人。然而，在浮世中行走了太久的人们，又有多少人懂得如何静心呢？许多人参与群体生活的缘由乃是他们不能够独居，不能够忍受寂寞，他们需要借助外界的喧闹来驱除内心的空虚。而群体生活永远也不能治愈空虚，它只是经由精神的麻醉而暂忘了寂寞与空虚的存在，结果更加重了这种空虚。

尘世中的我们，又是否有这样一颗安然、宁静的心呢？你是否深思过自己是否已被这纷繁的世界扰乱了思绪呢？

的确，人世间有太多会扰乱我们心绪的因素，对此，我们要懂得调节：

首先，学会让自己安静，把思维沉浸下来，慢慢降低对事物的欲望。经常自我归零，每天都是新的起点，没有年龄的限制，只要你对事物的欲望适当地降低，就会赢得更多的制胜机会，所谓退一步海阔天空。

假如你遇到心情烦躁的事情，可以喝一杯白水，放一曲舒缓的轻音乐，闭眼，回味身边的人与事，慢慢地梳理未来。这既是一种休息，也是一种冷静的思考。

再者，阅读也是让我们凝神静气的方法，广泛阅读实际就是一个吸收养料的过程，你的求知欲在呼唤你，要活着就需要这样的养分。

告别虚荣，不被虚幻繁华扰乱脚步

所谓虚荣，从字面上来理解，指的是表面上的荣耀，或者虚假的荣誉。往更深层次理解，虚荣指的是本身不存在的好的事物，也指对自身的学识、外表、作用、财产或者成就所表现出来的妄自尊大。从心理学的角度来说，虚荣心是自尊心的过分表现，是一种被扭曲了的自尊心，是一种追求虚假表现的性格缺陷。很多时候，人们为了取得荣誉和引起普遍注意，表现出这种不正常的社会情感。通俗地说，很多时候，人们并非因为确实需要一件物品去努力拥有它，而是为了获得人们对自己的羡慕，为了获得自己表面上的荣耀，所以才竭力地想要拥有一件并不切实需要的东西，这就是大多数人的虚荣心在作祟。

第七章
修养身心，抵制诱惑，淡泊名利

通常情况下，虚荣的人都很爱面子，希望得到别人的肯定和赞扬，希望每一个人都羡慕自己。

现代社会，物质极大丰富，有无数的好东西值得我们追求。但是，并非每一个人都能如愿以偿地得到自己心仪已久的东西。例如一克拉的大钻戒，几乎每个女人都梦想着能够拥有，但是却很少有人具备拥有它的机会。难道我们就要把自己一生的目标都定位于拥有一克拉的钻戒吗？毫无疑问，大多数女人都没有这么做，她们把它当作一个美好的梦，而淡然地过着平凡的生活。同样的道理，谁都想住别墅，开好车，但是大多数人只能租房或者买个小房，挤地铁、公交，或者开着几万块钱的车，但他们照样生活得很幸福。然而，也有一些人在虚荣面前失去了理智，走上了犯罪的道路。

小张高中毕业后因为没考上大学，就在父亲的饭店帮忙，一直以来，小张都有个梦想，那就是拥有一辆自己的车。

一天中午，小张没有去店里帮忙，而是一个人在家喝酒，喝了一瓶多白酒后，他就有点晕乎乎了，他心想：喝多了壮壮胆，也许能抢到一辆车呢。

于是，下午三点多的时候，他拿了一把菜刀上街了。在看到一辆出租车后，他假意打车，和女司机谈妥了价格后，便坐上了车。行驶了没多长时间，他就叫女司机拐弯进入了偏僻的乡间小道。

慢慢地，车子行驶到了一段没有行人的路段，此时，小张掏出藏在身上的刀子向女司机的脖子右侧前后各划了一刀。女司机猝然受到攻击，就一边喊"救命"一边打开车门往外逃生。谁知道，小张居然还用刀子朝她的脖子连续划了三四刀。女司机只跑了四五十米的路程，就因为失血过多而当场死亡。

慌乱不堪的小张赶紧弃尸荒野，随后驾车逃逸。谁知道，因为紧张和驾车技术不熟练，他还没开出多远，车子就撞上了路边停着的一辆农用三轮车，之后，又在慌乱之中撞到路边石坝上。小张只好慌忙弃车逃跑。

后来，小张逃到了一个偏僻的乡村，实际上，这个村子的很多人已经看过电视，知道了附近有人被害的事情。看到外乡人，他们很快通知了警察。很快，民警赶过来，将小张抓获。

在审问的过程中，小张说自己之所以抢车，就是因为想弄辆车开开，让大家都羡慕自己。

因为虚荣，小张不惜抢劫杀人，最终葬送了自己的人生。这场人间惨剧引人深思。在社会上，因为虚荣而沉沦的人有很多，他们不仅给别人带来了伤害，也在毁灭自己。

很多人都读过法国作家福楼拜的代表作《包法利夫人》。主人公爱玛是一个富裕的农民的女儿，曾经在专门训练贵族子女的修道院读过书，尤其喜欢读一些浪漫派的文学作品。虽然现实生活很残酷，但是艾玛却经常沉浸在自己虚构的奢华生活中无法自拔。现实和虚幻世界的强烈反差，使她非常苦闷。成年之后，艾玛嫁给了包法利医生，但是，医生微薄的收入根本无法供她挥霍。而且，艾玛非常讨厌其貌不扬的夏尔·包法利极其满足现状的个性。即使在有了孩子之后，艾玛的母爱也没有苏醒。她执迷不悟地贪图享乐，爱慕虚荣，竭尽全力地满足自己的私欲，梦想着能够过上贵妇的生活。为了追求浪漫的爱情，寻求她心目中的英雄，艾玛先是受到罗多尔夫的勾引，结果被欺骗了。后来，她又与莱昂暗中私通，中了商人勒乐的圈套，最终导致负债累累，不得不服毒自尽。在这篇小说中，福楼拜批判了艾玛爱慕虚荣的本性，也深刻地批判了社会的畸形。这种批判引人深思，让人警醒。虽然如此，时至今日，不少人还在犯着同样的错误，并且有愈演愈烈之势。现代社会，有那么多年轻漂亮、高学历的女孩子拜倒于金钱而心甘情愿地当有钱人的情妇，甚至还有大学生公开求包养。君子爱财，取之有道。如果一位女性依靠自己的年轻貌美来换取安逸的生活，不得不说这是社会的悲哀。在某种程度上，这些现代的"拜金女"甚至不如艾玛。在十九世纪，女子必须依赖男子而生存，因此，爱玛曾经叹息自己没有生一个男孩。但是，随着社会的发展，女性的地位不断提高。现代社会，女性完全可以凭借自己的实力独立于世。在这种社会坏境中，贪图享受，企图不劳而获，岂不是莫大的悲哀？莎翁说："弱者啊，你的名字叫女人。"女性虽然在生理上有弱势,但是女性柔弱而坚韧,具有独特的气质,巾帼不让须眉。

总而言之,无论是男人还是女人,都要坚定自己的信念,明确自己的人生目标,不要因为虚荣而失去人生的方向。

第八章
静下心来面对艰难困苦，心灵因感恩而平静

在生活中，每一个人都难免经历很多困难、坎坷、挫折。当处于人生逆境的时候，你是选择哭，还是选择笑？哭，除了发泄情绪，还会使你失去勇气，丧失信心，被生活的困苦打败；笑则不仅能够使你充满信心和勇气，而且能够赋予你战胜人生困苦的力量。你选择哪个？当然是笑。既然哭没有任何作用，那么笑无疑是最好的选择。假如你能够怀着一颗感恩的心，笑对人生的每一天，你就能够更加淡定从容，把苦难变成人生的财富，在苦难的历练下更好地面对生活的一切。

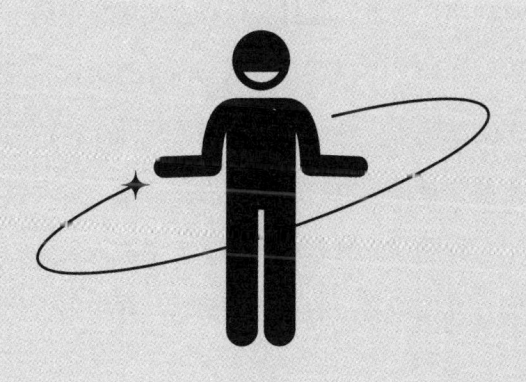

遭遇艰难困苦，坦然面对

在这个世界上，没有人的人生是一帆风顺的，每个人都会或多或少地经历苦难。这正如温室里的幼苗一样，因为没有风雨的历练，它们只能躲在温室里接受人们精心的照顾，而错过了自然界的美景。同样的道理，一帆风顺的人生也是不完整的，因为没有经历苦难的磨砺，人生便少了一笔宝贵的财富和经验。

那么，什么是苦难呢？对此，每个人都有不同的理解。当然，每个人面对苦难的态度也是截然不同的。失败是一种苦难，探险也是一种苦难。海伦·凯勒凭着顽强的毅力从残疾的阴影中脱颖而出，让世人瞩目、惊叹。从塔克拉玛干沙漠中走出来的探险队员们，不仅忍饥挨饿，而且经历过风沙的洗礼，他们甚至感到过绝望，然而，他们最终成功了，他们的成功是他们坚强地与苦难作斗争的结果。面对成功，除喜悦外，他们同时得到了一种顽强的意志和勇气。在漫漫人生中，这种财富将成为他们打开成功之门的一把金钥匙。在中国古代，也有很多品尝苦难的典型事例。例如，司马迁呕心沥血几十年，才写成《史记》；越王勾践卧薪尝胆，方夺胜果。

拿破仑曾经说过，"人，是从苦难中滋长起来的"。虽然每个人都期望自己的人生风调雨顺，但是，每个人呱呱坠地的时候都伴随着哇哇大哭。在某种意义上，我们完全可以说降临人世的第一声啼哭是人生的第一个宣言——一个充满激情的宣言："人，只有战胜苦难，才能获得新生"。

张跃在《福布斯》2002年中国富豪排行榜上排名第26位，从研发几台取暖锅炉起家，到经营全球最大的直燃式中央空调，他做到了很多人连想都不敢想的事情。在此期间，他不仅连续五年无贷款交税过亿，而且还考取了中国第一份直升机私人驾照，成为中国第一个拥有企业公务飞机和直升机的人。

2003年3月20日，43岁的张跃在"清华学子财富论坛"上坦言，"用三五小时的时间是无论如何也讲不清楚一个年轻人怎样出人头地、一个企业怎样获得成功的。要知道，成功无法定义。不过，我们倒是可以讨论一下成功的人应该具备哪些素质和行为。"

"农场法则"是张跃非常推崇的一个成功秘诀，他经常把这个法则挂在嘴边。对于'农场法则'，张跃的评价极高，他说，农场法则的特点就是播种、施肥、耕耘、收割，此外，还要有良好的天气，这是非常符合自然规律的。无论是处于信息时代，还是经济全球化或者在其他情况下，农场法则都是适用的：必须有优良的、适当的种子；必须有充足的肥料；必须辛勤地耕耘、锄草、杀虫；必须有良好的气候条件。只有具备上述所有的条件，才能获得丰收。张跃感慨万千地说："我深信'农场法则'，任何收获都是长时间艰苦劳动的结果，都没有捷径，不管是做人还是做生意，决不能投机取巧。我认为我这生从来没有浪费过时间，始终都在超额地付出着，而且，我没有任何不良的嗜好。"

张跃粗略地计算了一下他每天的工作时间，通常都在14到15小时之间，而且，他每个月都很少休息，基本每个月都保证近29天的工作日。"尽管我的创业历程只有14年半的时间，但是，我的工作时间却相当于普通人工作30年。可以说，我在每一个省都认识一些有级别的领导，但是，我很少把精力消耗在社交上。我觉得，一个成功的创业者和企业家不能把太多的时间花费在人际关系上，因为这是错误地支配时间。正确的做法应该把时间用在核心问题上，例如科技攻关和解决技术突破等。"

毫无疑问，在创业过程中，每个人都需要忍受奋斗的艰辛，承受煎熬的痛苦，随时随地面对紧张的情绪，克服重重困难，才能享受成功的喜悦。不过，这是一个循环往复的过程，谁也无法彻底摆脱。很多时候，成功并不是一个简单的词语，也不是一劳永逸的事情，因为成功只可能是某一阶段的，只是针对某一事件的。在创业的艰难过程中，如果一个人没有做好直面创业背后的挑战和煎熬的心理准备，那么，他将很难承受。

有的时候，张跃把人生看成是一场直播，他说："人生就像一场直播，必须持久地付出，不能停息片刻，特别是企业的领导，更是如此。"可能，张跃就是这场直播的最佳导演。"很有可能，明天的我将对空调不再狂热，那么，我会转移注意力，对更好的东西感兴趣，只要能产生一定的经济效益，它也许是太阳能技术方面的合作。总而言之，不管是什么，我都会全身心地投入，再次狂热。"

其实，不管是生活的艰辛还是事业上的困境，我们都应该坦然面对。只要心中有成功的信念，我们就能够百折不挠地一次次从摔倒的地方重新站立起来，这样一来，我们就会变得比原来更加高大与健壮。上帝心里很清楚，苦难是他送给世人的带刺的玫瑰，最终能够给世人带来成功和幸福。虽然为了这朵"玫瑰"世人刺破了双手，但是必将有所收获！在生活中，我们一定要牢记"生于忧患，死于安乐"的古训，把自己所遭遇的苦难当成是一笔伟人的财富，利用人生的挫折来磨砺自己。要知道，苦难是上天赐予你的历练自己的机会，而挑战苦难则意味着你离成功越来越近了。

微笑面对人生的每次波折

"故天将降大任于是人也，必先苦其心志，劳其筋骨，饿其体肤，空乏其身，行拂乱其所为，所以动心忍性，曾益其所不能。"这段话摘自《孟子·告子下》，相信很多人都耳熟能详。这段话的意思是说，上天将要降落重大责任在这样的人身上，必须会先使他的内心感到痛苦，使他的筋骨感到劳累，使他经受饥饿的折磨，以致肌肤消瘦，使他受贫困之苦，使他做的事颠倒顺序，错乱不堪，从而使他难以如意，并且通过这些挫折来使他的内心保持警觉的状态，使他的性格更加坚韧不拔，以此增加他所不具备的才能。

在生活中，我们经常祝愿别人万事如意，其实，这只是一种美好的向往而已，很难实现。因为不管是谁，不管是否天将降大任，都很难万事如意。人们常说，不如意之事十之八九，因为很少有人能够事事都如愿以偿。有人曾经说过，"生命中的痛苦是盐，如果缺少了它，生命就会变得寡淡无味！"的确，生活有时根本不由人作出选择，无论是幸运，还是苦难，都能给我们带来很多收获。要想活得骄傲，就要坚定自己的信念,精神上不卑微。在面对命运的波折屈辱时,有的人选择退缩,被命运彻底摧毁,而有的人选择迎难而上,以坚强的意志和无畏的胆量,与命运对抗。这样的人生,展现给世人的是一种壮美!即使遭遇再多的波折,也不会使人觉得悲苦凄凉!赵美萍在《我的苦难我的大学》中写道:"人必须有两个世界,一个是现实的,一个是精神的。假如现实世界使我们痛苦,那么,我们就从精神世界得到安慰,这种安慰来自我们的心,我们要用心去感受生活中美好的东西,而不要沉迷于苦难无法自拔,怨天尤人。我们要学会拯救自己,主宰自己的命运。"赵美萍的人生信条是"有梦不觉人生寒",正因为如此,她才能在一次次命运的波折中保持积极进取的心态,最终走向成功。

一个阳光灿烂的下午,一位母亲带着女儿找林枫咨询去美国留学的一些事情。母亲四十多岁,穿着朴素,非常慈祥。她一边招呼女儿坐下,一边向她介绍说:"这就是咱们事先约好的林枫老师。"女儿只是简单地点了点头,"嗯"了一声,连看都没看林枫一眼。如果不是看到她嘴边漾起的甜美的微笑,林枫可能会误以为她对自己有什么意见呢。

这个女孩子特别漂亮,皮肤雪白粉嫩,简直吹弹可破,精致的五官非常小巧。透过遮盖住半张脸的大墨镜,林枫能感觉到她一定有如碧水一般的大眼睛。她安安静静地坐在那里,像一株淡淡盛开的花一样，嘴边始终挂着浅浅的笑。让林枫感到奇怪的是，她从进屋到现在始终没有看林枫一眼。

母亲仿佛觉察到了林枫的纳闷和不解，解释说："我的女儿是个盲人。"

林枫顿时心中一惊，感到非常遗憾。这么美丽的姑娘，居然无法从镜子里欣赏自己的美貌。想到这里，林枫克制住自己的情绪，生怕触及母女的伤心事。但是，女孩自始至终都在平静地微笑着，在这微笑的背后，林峰可以感觉到隐藏在她内心深处的一股坚毅的力量。

原来，女孩从小就双目失明，虽然眼睛大大的、非常美丽，但是却什么也看不见。不过，母亲始终竭尽所能地培养她，而且她自己也非常上进，积极进取。在母亲的陪伴下，女儿不但像正常孩子一样上学，还以非常优异的成绩考进了国内的一所大学学习钢琴专业。为了照顾女儿，母亲义无反顾地辞去了工作，在学校附近租了一间房子陪读。寒来暑往，四年大学生涯很快就要过去了。在校期间，女孩因为表现出色被选入国内著名的舞蹈团，而且参加了万众瞩目的春晚的演出。林枫简直难以想象其中的艰辛。

如今，即将大学毕业的女孩想去美国深造，继续攻读钢琴专业的硕士学位。为了缓解母亲的经济负担，她还想拿到全额奖学金。林枫非常清楚这件事情有多艰难，虽然女孩特殊的经历也许会打动录取委员会的成员，但是奖学金却是很难争取的。为了避免母女二人感到失望，林枫尽量委婉清晰地向这对母女解释了这个残酷的事实。但是，女孩却非常坚定，她说，即使成功的可能微乎其微，她也愿意努力去试一试，因为她相信有志者事竟成。

林枫看得出来，女孩脸上自始至终挂着的微笑是发自内心的，虽然她的眼睛看不见，但是她的内心没有丝毫抱怨，而是非常安然。她是幸福的，林枫相信她的内心燃烧着一种取之不尽、用之不竭的力量。因此，林枫非常用心地为母亲和女儿解释了关于去美国留学的相关事宜。

有志者事竟成，经过两年的努力，在历经波折之后，这位盲女孩终于拿到了美国德克萨斯天主教大学钢琴表演专业的录取通知。无疑，这是命运给她的回报。

在生活中，有很多人健康而体面，个个都是上天的宠儿，但是他们却总是郁郁寡欢，整日愁眉苦脸。他们每天都步履匆匆地奔走在追求完美人生的道路上，即使生活中有一点点的小瑕疵，他们也会变得愁眉不展。然而，和这个盲女孩比起来，他们显然非常幸运。

每个人都希望自己拥有完美的生活，但是，生活本身就是不完美的。即使你拥有健康的身体、成功的事业、足够的金钱、优秀而专一的爱人、亲密无间的朋友，你还会有一些不可预知的烦恼。上天是精明而小气的，他不会赋予同一个人所有美好的东西。很多时候，一个人也许事业成功，但是家庭生活却不和睦；一个人也许因为知足而时常感到幸福，但是他却非常贫穷，没有足够的钱买自己想要的一切；一个人也许拥有一个特别优秀的爱人，但是爱人却不专一；一个人的孩子非常聪明，家庭和睦幸福，但是事业却屡屡受挫……总而言之，虽然追求完美的信念就像一条高高举起的皮鞭，驱赶着人们朝自己想象中的幸福巅峰执着地攀爬，但是每个人都能轻易地从生活中挑出很多不尽如人意的地方。

其实，幸福只是一种内心的感受。生活就像大海，总是一波未平一波又起，面对生活的波折，假如能够满怀感激地去思考自己已经拥有的东西，发现其宝贵和值得骄傲之处，那么，幸福的感觉就会如泉水般涌入心田。反之，假如处处吹毛求疵、追求完美，那么，这个世界上就没有幸福可言。就像那个盲女孩，假如她整日因为自己看不见而怨声载道，那么，她就不会有那么美丽的、发自内心的微笑，更不会有大好前途。而她之所以能够取得正常人都难以取得的成就，正是因为她坦然地接受自己的缺陷，无怨无悔地付出和努力着，微笑着面对生活。

当面对人生的波折时，请看看美丽而神奇的大自然，发自内心地微笑，告诉自己一切皆有可能。

历尽苦难,为成熟铺平道路

如果把人生的历程当成是一次旅程,那么,这次旅程既有人间仙境,也有险峰。大多数人都有过爬山的经历,都知道只有爬到山顶,才能一览众山小,看到最美丽的景色。但是,在爬山的过程中,必须付出很多的辛苦和努力,甚至有的地方没有路,人们必须手脚并用才能爬上去。其间,荆棘也许会刺破人们的手,有些人甚至还会因为山路难走而崴了脚。但是,这些都无法阻止人们一览众山小的决心。同样的道理,在人生的不同阶段,一定要勇于观赏领略旅途中不同的风景,或美丽,或艰险,或有碍观瞻,或震撼人心,总之,只有尝尽人间百味,才能使自己的人生更加丰富多彩,从而使自己更加成熟、淡然。

在人生中,既有顺境,也有逆境。正是苦难,使得人生变成了最孤寂的黑夜,然而,也正是这无边的黑暗,才使每一丝微弱的亮光都显得来之不易、弥足珍贵。心灵在暗夜中挣扎,往往非常脆弱,只要一个鼓励的眼神或者一句淡淡的问候,就会感动,就会落泪,更会为那些不经意间伸出的援手感到温暖。在生活中,顺境带给人们的是快乐,只有苦难,才能教会人们珍惜一点一滴的拥有,同时,也教会人们不吝惜付出心中的爱。在人生的道路上,苦难是难得的休止符,只有经历了苦难的停顿，才能演奏出最完美的人生乐章。很多时候，要想陷入沉静的思考，就必须暂时告别喧嚣，进行短暂的"自我放逐"。在反思中，人们能够再一次听到心灵深处最孤独的呐喊，使那些深藏的能量一点一点地凝聚起来，从而瞬间释放出巨大的能量，帮助人们冲破人生的樊笼。

人生的道路上，未经暴风雨的洗礼，就没有雨后绚烂的彩虹；没有荆棘密布的丛林，就没有坦荡的阳光大道。如果你顺利地走向了成熟，那么，你应该发自内心地感谢苦难，因为正是苦难才使你更快地走向成熟。其实，无论是苦乐还是喜悲，都只是人们因为心态不同而产生的不同感受而已。只有苦过，乐过，才能知道人生不过是弹指一挥间，仓促得让我们必须用心珍惜。在人生路上蓦然回首，你会发现自己的内心深处始终牢记着走过的那段艰难岁月，而在不经意间，你早已忘记了曾经的苦难带来的痛苦，它已经在不知不觉间变成了淡然的一笑！这就意味着，你已经成熟了、淡然了！生活给每个人都留下了成长的痕迹，很多时候，那些深深的烙印会在不经意间变成淡然一笑。

许巍从小是和妈妈一起生活的，爸爸在他6岁的时候和另外一个女人一起生活，为此，妈妈和爸爸离了婚。从小，许巍就总是被别的小朋友欺负，那时，他就特别想念爸爸，渐渐地，他开始怨恨爸爸抛弃了自己和妈妈，害得他们受人欺负，饱尝生活的艰辛。不过，许巍的妈妈是一个很要强的人，她一个人辛辛苦苦地打拼，既要工作赚钱，又要照顾许巍的生活。妈妈对许巍的要求很严格，而且让许巍理解爸爸，不要怨恨爸爸，因为每个人都有选择自己生活的权利。在妈妈含辛茹苦的教养之下，许巍渐渐地长大了，他自立自强，很小就帮助妈妈承担了一部分家务，从高中时代开始，为了减轻妈妈的经济负担，他就外出做家教，挣钱负担自己的生活费用。日久天长，生活的苦难把许巍磨炼成了一个男子汉，他虽然年纪不大，但是有担当，有责任心，而且待人非常宽容，如今的他已经不再怨恨爸爸了。大学毕业以后，许巍凭借优秀的学习成绩和出色的表现，被学校保送研究生，并且在毕业后留校任教。苦尽甘来之后，许巍的心中只有感恩，只有宽容。正是因为苦难的磨砺，他才变得越来越宽容大度，淡然地面对生活赋予他的一切。

在深山里有一座寺庙，里面住着一个老和尚和一个小和尚。为了换取一天的口粮，老和尚每天都翻山越岭地挑柴火，去集市卖掉。后来，徒弟渐渐地长大了。为了培养徒弟的吃苦精神，老和尚便让小和尚替他挑柴火去集市上卖。

起初，小和尚很不情愿地挑了两挑。因为以前都是老和尚干活，所以翻山越岭挑柴火把他给累坏了。刚刚挑了两天，小和尚就再也挑不动了。迫于无奈，老和尚不得不让小和尚留在寺庙里歇着，自己仍然每天挑柴挣钱糊口。

常言道，天有不测风云，人有旦夕祸福。不知道是因为过度劳累还是其他原因，老和尚突然病倒了，这一病足足在床上躺了半个多月。原本，老和尚都是每天挣钱吃饭，因此寺庙里的积蓄很少，勉强维持了几天之后，寺庙里失去了生活来源，马上就要饿肚子了。小和尚没办法，只得主动挑起了生活的重担。

每天，小和尚天不亮就起床，学着师父的样子上山砍柴，然后挑柴去集市卖。可能是因为急需糊口吧，小和尚干起活来一点儿也不觉得累。

老和尚虽然躺在病床上，但是心里却很着急，看着小和尚忙碌的身影，小和尚无限怜爱地说："徒儿，悠着点干，千万别累坏了身体！"

听到老和尚关切的话语，小和尚停下手中的活儿，疑惑不解地问老和尚："师父，有件事情我一直想不明白，总想问问您。真是很奇怪，起初你叫我挑柴火那两天，我挑那么轻的担子都觉得非常累，但是，如今我挑得越来越重，反倒觉得担子越来越轻了呢？"

听了小和尚的话之后，老和尚赞许地点点头，说道："这说明你的身体承受能力增强了，不过，最重要的还是你心理变得成熟了！正是因为成熟，你才有勇气挑起生活的重担，自然就觉得担子变轻了！"

只有通过不断的锻炼，人才会变得越来越成熟。更有力量、勇于承担重任就是成熟的标志之一。一旦你有勇气挑起生活的重担，就会变得非常坚强，即使再大的困难也压不倒你。从许巍和小和尚的身上我们不难发现，很多时候，生活的苦难可以转化为我们的财富，能够使我们更加成熟，更加淡然地面对生活中的一切困难。在生活中，每个人都肩负着责任和义务，都需要挑起很多的担子，面对负担，我们越是逃避，它就显得越沉重，直到压得我们喘不过气来。坚强和勇气是解决困难的最根本的良方。如果我们能够勇敢地去面对生活的苦难，勇于承担生活重任，那么，我们就能一一解决生活中的困难。请谨记，痛苦只是暂时的，而成长则是永远的。当你领悟到在苦难中成长所带来的永恒收获时，你就知道自己正日趋成熟，淡然处世。因此，微笑着面对苦难，与苦难一起成长吧！

带着感恩的心生活

在我们的人生路上，我们无时无刻不在接受他人的帮助，接受他人的恩惠，自打我们出生，父母就在孜孜不倦地哺育我们，教我们做人做事的道理；跨入校门，我们的老师就无怨无悔地把毕生所学传授给我们；当我们成家立业之后，我们又得到了来自爱人的呵护；工作岗位上，当我们遇到困难时，同事们也总是伸出援助的双手……我们需要报答的人太多。因此，我们每个人都应该学会感恩。

"不要抱怨玫瑰有刺，要为荆棘中有玫瑰而感恩。"这句话成功地道出了一个深刻的人生哲理。不管遇到什么事情，我们都要学会感恩，那样，我们内心的个人偏见自然会慢慢减少，烦恼也就会越来越少了。

有人说过这样的话，人生的冷暖取决于心灵的温度。可如今的社会就像一个大熔炉，把我们的心也烧得沸腾、喧嚣起来。若想摆脱浮躁的心，我们最需要超越的就是自己心灵的局限。如果能以感恩的心态面对，就能突破心灵的桎梏，排解并超越生活的痛苦！

石田退三是日本著名的丰田汽车的缔造者，他的成功并不是一帆风顺。年幼的时候，他家境贫穷，根本没钱上学，只得辍学。后来，他去京都的一家家具店当店员，一干就是八年。后来，在朋友母亲的介绍下，他到彦根做了赘婿。入赘后，他才知道太太家没有一点财产，这让他感到有些失望。就这样，他和妻子一起过着贫穷的生活，贫困的生活是很无奈的，他只能将新婚太太留在彦根，一个人到东京一家店里当推销员。而这份工作，名义上说是推销员，其实和小贩一样，不得不推着车到处推销货品。就这样，他又干了一年多，身体终于支撑不住的他只好离开这家公司,随后,他回到了岳母家。

然而,这似乎并不是他的家,他每天都要过着被人数落的日子。"你真是个没有用的家伙!"周围那些人也这么评价他。他的岳母更是冷嘲热讽,她说:"你是我见过的最没有用的人!"这些羞辱气得他眼前发黑,几近晕倒。度日如年地过了几个月后,他终因承受不了这些沉重的压力,想通过自杀来解脱。

这天,心情抑郁的他来到了"琵琶湖",就在准备自杀时,他却一下子醒悟过来。他想到:"像我如此没有用的人应该非死不可。但如果我真有跳进琵琶湖的勇气,为什么不拿这勇气来面对现实,奋力拼搏,开辟一条出路呢?我应该尽自己最大的努力,奋发图强,克服重重困难,用坚定的毅力做出一番轰轰烈烈的事业来!"

基于这种想法,石田找到了活下去的勇气,仿佛有一股强大的力量在他体内激荡着。他不再满脸愁容,也不再老想着用自杀来解决当下的痛苦,而是搭上了回家的火车。从此,他不再自怜自叹,他托朋友介绍自己到一家服装商店当店员。在这儿,他重新鼓起奋斗的勇气,将忧愁化为力量,用坚定的毅力承受来自各个方面的压力和挫折。

就在他40岁那年,他到丰田纺织公司服务。他不怕艰难,刻苦奋斗,全力以赴地投入工作。丰田公司的创业者丰田佐大为赏识他处事得当的能力和一丝不苟的精神。在石田50岁那年，丰田就派他担任汽车工厂的经理。石田53岁时，公司将经营的大权交给了他。

正和石田后来回忆的一样，人生如同战场，你要在这战场上打胜仗的唯一法宝，便是斗志和毅力。"我要感谢那些曾经给我压力的人和曾经光顾我的困难。如果没有他们，我不会有今天。"的确，对于石田来说，他的人生的转机就来自他对周围那些目光的反省，如果没有那场自杀，让他清醒地认识到毅力的重要性……石田退三恐怕早就命沉"琵琶湖"了，哪会有今天在丰田取得的卓越成就呢？

心怀感恩的人，才能视万物皆为恩赐；也只有当我们心中充满了感恩之情时，压力才变得不再是压力，世界也才变得美好无比。而此时无论是怎样的困难，我们都可以满怀激情地去面对。要做到感恩，首先我们要经常对身边的人说"谢谢"。

有时候，你可能认为，周围人对你的举手之劳是理所当然，比如，同事帮你做的一个报表，周末丈夫为你做了温馨的早餐，但实际上，对你好不是他人的义务，所以，你应该对他们说谢谢。有时候，即使这么简单的一句道谢，也是一种幸福的回馈。

另外，我们还是社会的人，应为社会尽一份微薄的力量。大部分人可能认为，我只不过是个普通人，哪里能为社会做多大贡献？但社会就是由千千万万这样的普通人组成的，只要我们从身边做起，多关心国家大事、社会新闻，多关心慈善事业，那么，哪怕你捐出一块钱，哪怕你简单地拾起马路上的一片废纸，你也是为社会的发展尽了一份属于自己的力量。

感恩苦难，拓展心灵宽度

在生活中，人们常说，不如意之事十有八九。的确，没有一帆风顺的人生，人生的重要组成部分就是各种各样的苦难和挫折，如被人误解，受到批评等。面对苦难，很多人都无法保持心灵的平静，他们或抱怨，或默默地承受，或怒火冲天，或黯然流泪。当岁月洗净了生命的铅华，蓦然回首，我们却发现那段阴霾还藏在心底，形成一小段难以逾越的障碍。而当人们真正地走向成熟睿智的时候，却发现曾经的阴霾只是人生长河中的一朵浪花而已，早已消失不见了。也或许，曾经的苦难已经演变成了如梭岁月中的一缕馨香，浅浅淡淡的。面对苦难，最值得推崇的做法是以平静的心态面对。因为只有平静，才会更加理智，更加从容。那么，面对苦难，怎样才能平静呢？答案其实很简单，只有怀着一颗感恩的心，才能平静地面对苦难。

> 接纳
> 内心平和从而获得和保持快乐

生活需要一颗感恩的心来创造，一颗感恩的心需要生活来滋养。如果能够常怀感恩之心，人生就会更加圆满，从而减少很多憾事。翻开岁月的日历，你会发现一页页崭新的生活因为我们感恩的心而变得更加璀璨。我们要感谢那些曾经让自己成长的人或者事，正因为他们，我们才能更加迅速地走向成熟和睿智。学会感恩，才能收获别样的人生。

雄鹰心存对蓝天白云的感恩，在清寒玉宇中展翅高飞；溪水心系对巍峨高山的感恩，从山涧低吟下泻；泥土心存对广袤大地的感恩，在田野里散发沁人的芬芳；小草心存对阳光雨露的感恩，一岁一枯荣之后又萌发新绿。

人类作为万物灵长，我们不仅要感恩自然、感恩父母、感恩朋友、感恩爱人，也要感恩那些曾经给我们的生活带来苦难的人。我们要感恩伤害自己的人，因为他磨砺了我们的心智。人生不可能完全顺利，总会遇到大大小小的挫折。在成长和成熟的过程中，人们难免会受到不同程度的伤害。我们必须坚信，对于人生来说，每一次伤害都是一种崭新生活的开始，每一次伤害都是一次人生的洗礼。我们要感恩绊倒自己的人，因为他们锻炼了我们的意志。现代社会，竞争越来越激烈，人与人之间尔虞我诈，为了实现自己的目的，甚至不择手段。在前进的道路上，当遭遇阻挠时，一定要勇敢地面对，千万不要轻言放弃。只要你坚持，一定会守得云开见月明。很多时候，压力就是最好的动力,正是这种越挫越勇的精神,在不知不觉中锻炼了我们的意志力。我们要感恩欺骗自己的人,因为他使我们擦亮了眼睛,增长了我们的生活阅历。人们常说,人心叵测,的确,每个人都有自己的心思,脾气秉性也各不相同,这就导致生活中欺骗无处不在。一旦被骗,请不要自责不已,也不要仇视对方,正是因为他们的欺骗,我们才擦亮了自己的眼睛,增长了社会阅历。古人云,吃一堑长一智,说的正是这个道理。我们要感恩遗弃自己的人,因为他们教会了我们自立自强。每一个人都将独立地走向社会,在成长和成熟的过程中,难免要经历自我独立。常言道,花无百日在深山,人无百年在世间,即使父母把我们照顾得再好,也不可能陪伴我们一生一世。所以,当亲人因为某种原因离开我们的时候,我们要为他们的及时放手而感恩,而不要心生埋怨和悔恨。有的时候,放手也是一种爱,能够教我们学会独立自强。我们还要感恩斥责自己的人,因为他们让我们学会了自省。人与人之间的关系非常复杂,有的人惺惺相惜,有的人互相贬斥。假如遭遇斥责,千万不要恼羞成怒。首先,我们要学会自省,进行自我反思,试着站在别人的角度思考问题。假如能够做到这一点,必将给我们的人际交往带来很大的好处,使我们与别人之间的关系越来越融洽。

接纳
内心平和从而获得和保持快乐

在生活中，挫折和困苦是难以避免的，要想使内心保持平静，就要学会用宽阔的胸襟包容生活，学会感恩，学会理解爱、给予爱。不管生活怎样对待我们，我们都无法抛弃生活，这就要求我们心怀感恩，积极地面对生活。学会了感恩，我们才能发现生活中有很多感人之处；学会了感恩，我们才能知道生活真正的意义所在。

第九章
静心专注，方能提升自我

在现代社会，生活节奏越来越快，形形色色的事情层出不穷，导致人们心绪飘浮不定，心神意乱。因为定力不够，所以很多人都觉得自己精神不振，精力无法集中。要想学会专注，我们首先要控制自己的思想，从而管理好自己的心，专注自身。所谓专注，就是把思维集中在一个点上，心无杂念。只有专注，才有产生强大的能量，才有力量去创造一切。在全神专注的情况下，学会静心，就能够激发出自己的无限潜能，使自己充满灵性。

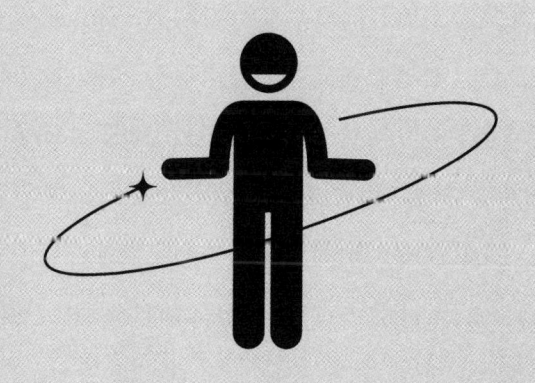

> 接纳
> 内心平和从而获得和保持快乐

放空自己，让心静下来

你是否很容易忧虑？你是否像林黛玉一样多愁善感？你是否因为天气不好而心情烦躁？你是否会莫名其妙地悲观沮丧？每当周围有人吵架，即使与你无关，你是否也会变得烦躁、紧张？你是否经常感到惶恐不安？面对众多的选择，你是否总是无所适从，很难下定决心？在回答这些问题的时候，如果你给出了三个以上的肯定答案，那么，显而易见，你是一个对外部环境非常敏感的人，你很容易受到外界的影响。那么，接下来你要做的就是学会静心，为自己建立一个强大的心灵屏障，学会从淡定的生活态度中获取能量。这样一来，外界的消极情绪、负面能量就不能轻而易举地影响到你，你也可以更加平静地生活、工作，变得更加从容淡定。其实，在这个方面我们应该向新生婴儿学习，虽然他们每天都无所事事，除了吃喝拉撒睡，就是自言自语，但是他们丝毫不会觉得枯燥，更不会着急、焦虑。究其原因，是因为婴儿的心灵非常纯净，就像一张白纸，他们所有的注意力都集中在自己的身心上。所以，他们

第九章
静心专注，方能提升自我

可以兴趣盎然地盯着自己的手看半天，或者淡定地啃着自己的脚趾。那么，怎样才你能使自己更加专注、淡定呢？首先要学会放空，让自己专注于观察身心的变化与感受。

在生活中，绝大多数成年人的脑子里都充斥着各种各样的忧虑，似乎没有忧虑，人生就会显得过于苍白和空洞，简直无法继续下去。实际上，大多数人的忧虑都是一些无关紧要的小事情，诸如"孩子今天吃饭很少，是不是不舒服？""天气热了，每天上班路上多么痛苦啊！""最近身体不太舒服，会不会生病了？要是我生病了，孩子怎么办？""现代社会竞争这么激烈，孩子以后的压力得多大啊？"坦白地说，这些忧虑都是杞人忧天，即使你再怎么琢磨，事情也还是会按照既定的轨道向前发展，因此诸如此类的忧虑毫无意义。纵观人类的历史，人们总是心怀天下，因为各种各样无力改变的问题而忧心忡忡，甚至到了现代社会，人们忧虑的本性也丝毫没有得到改变。其实，既然我们所忧虑的问题是我们所无力改变的，那么，我们与其在焦虑中度过每一天，还不如坦然面对，快乐地度过每一天。接下来，就不得不谈谈放空。什么叫放空？假如把人们的大脑比喻成一个容器，那么，放空就是把这个容器中使你焦虑不安的事情都忘记，或者把那些使你紧张得夜不能寐的情绪统统释放出去，取而代之的是淡定、豁达。我们必须认识到，生活在这个世界上，很多事情都是人力不能改变的，

> 接纳
> 内心平和从而获得和保持快乐

因此，我们所要做的就是快乐地度过每一天。曾经看到过一句话，大意是说，把每一天都当成是世界末日，努力地、用心地过好每一天。

布鲁尼是一名癌症晚期患者，医生宣布他只有一年的生命。在得知自己生病之前，布鲁尼的性格非常内向，过于胆小谨慎，总是担心很多东西。令人惊讶的是，当得知自己身患不治之症之后，布鲁尼突然想开了，他变得豁达开朗，坦然地接受疾病。布鲁尼没有选择接受治疗，因为到了癌症晚期，治疗只能缓解疼痛，除此之外，没有任何用处。很久以来，布鲁尼一直很向往到世界各地走一走，看一看。当得知自己只有一年的生命时，布鲁尼毅然决然地放弃了一切身外之物，他还卖掉了自己的房子，选择了环球旅行。跟着一艘大船，比鲁尼走遍了世界各地，最后，他来到了中国。很久以来，布鲁尼一直对中国功夫很好奇，尤其是气功。到了中国之后，他找到了一个深山之内的寺庙，跟随那里潜心修行的高僧每日坐禅。经过一段时间的坐禅，布鲁尼惊讶地发现自己原本日渐衰竭的身体居然渐渐好转。他每日跟随高僧吃斋念佛，坐禅诵经，一年多过去了，他已经领悟了很多佛家的道理，精力和气色也越来越好。不过，既然已经放下了，布鲁尼并没有欣喜若狂地去医院检查自己是否已经战胜了癌细胞，而是继续在自己的最后一站——这座中国深山中的古庙里安心地吃斋念佛，坐禅诵经。

第九章
静心专注，方能提升自我

我们不得不怀疑，布鲁尼是不是已经在彻底放空自己之后战胜了癌症。当然，答案很有可能是肯定的。其实，癌症是一种心因性疾病，长期的紧张、焦虑、不安，特别容易导致癌症。反之，假如一个人积极、乐观、开朗，能够心胸豁达地面对凡尘俗世，自然就少了很多烦恼，身体也会更加健康。

厄尼·J.泽林斯基曾经在《懒人非常成功》一书中这样写道：实际上，在我们所担心的所有事情中，有40%的事情都是根本不可能发生的，有30%的事情是曾经发生的过去时，有12%的事情是关于健康的一些无谓的顾虑，有10%的事情是关于日常琐碎的担心，而只有剩下的8%的事情中的4%才是我们能力范畴以外的事情。如此说来，大部分人的96%的顾虑都是没有任何意义的，而只有4%的事情才具有担忧的价值。既然如此，我们为什么无法从这种精神压力下完全地摆脱出来呢？原因非常简单，人们一旦产生顾虑，就会随之产生更多的环环相扣的恶性循环链条。换言之，人们因为担心而导致自己的神经越发紧张，从而产生更多的不安和恐惧，而这种状态则会反复地催生出更多的、更加强烈的忧愁。毫无疑问，如果一个人长期处于这种担忧之中，必将消耗掉生理和心理两方面的巨大能量。如此一来，就要求我们必须放空自己的心灵，释放那些惶恐、紧张、不安的情绪，从而使自己能够更加专注自己的身心，努力地活在当下。

静想——在专注中捕获灵性

你是否有过这样的感受：夜晚下班回家，远离了应酬，远离了工作，你倒头躺在沙发上，将双脚抬起来，任意地摆放着，或者跷个二郎腿，也不用担心会有人说你没有教养。接下来，你可以随便找本杂志盖在脸上，闭上双眼，让眼睛也好好休息一下。然后你可以放一段自己最喜欢的音乐，放松你的身心，任凭思绪翻飞，你的记忆库被打开，开心的和不开心的回忆都会跑出来，想到忘情之处，脸上有温热的液体慢慢滑下，你也不知道这是幸福还是痛苦，但你已经深陷其中。徜徉在记忆的迷宫里，享受着亲情、友情、爱情，正如炊烟袅袅升起。

然而，这看似简单的快乐，又有多少城市人能懂得品味呢？

的确，生活中，我们每个人每天都要为生计奔波，都要面临繁重的工作压力，我们常常需要周旋于各种应酬场合中，我们似乎很少静下心来，也很难静下心来去思考人生，思考自己。但你是否发现，立身于尘世中太久，经常有种孤独、寂寞、窒息的感觉？你不知道自己要的到底是什么样的生活？你的心曾经是否被一些自私自利的狭隘思想笼罩过？你是否已经变得人云亦云？为此，处于闹市中的我们，都要给自己一段独立思考的时间，尝试着在静想中捕获生命的灵性。

第九章
静心专注，方能提升自我

富兰克林并不是出身官宦之家，相反，他小的时候家境贫困。他只在学校读了一年书就不得不出去工作，但童年的艰辛并没有磨灭他的理想和意志，反而激励他更加努力。最终，他成功了，他成为美国人心中杰出的政治家和外交家。其实，富兰克林并不是天才。那么，除了刻苦勤奋外，他还有什么成功的秘诀呢？事实上，在富兰克林的身上，有一种非常重要的品质，那就是经常独处、反省自己。正是这种品质，促使他不断地发现自己的缺点，不断改进，成为一个拥有很多美德的人，最终走向成功。

每天晚上，富兰克林都会问自己："我今天做了什么有意义的事情？"

他检讨自己的缺点，发现自己有13种严重的缺点，而其中最为严重的是，喜欢与人争论、浪费时间、总被小事扰乱心绪，他通过深刻的自我检讨认识到：如果要成功，就一定要下决心改造自己。

于是，他设计了一个表格。表格的一边写下自己所有的缺点，另一边则写上那些美好的品质，比如俭朴、勤奋、清洁、谦虚等。他每天检查，反省自己的得与失，立志改掉缺点，养成那些美德。这样持续了几年，他终于成功了。

从这个故事中，我们不难发现，让自己安静下来，学会静想，是提升自己的最好方法，它还能让我们看清自己，看清自己把精力花在了什么上面？是钱？是权？还是情？到底是什么让你痛苦？怎么不能放下？问清楚这些问题，也许你能找到自己想要的答案。

的确，身处紧张、忙碌的现实世界中，我们的思想渴望得到放松，静想就是看到实然并超越它，当头脑、身体和心灵真正安静和谐时，也就是当头脑、身体和心灵完全合而为一时，我们便释放了。

静想就是能量的彻底释放，是一种放空自己的方法，是一种忘怀之道，完全忘怀对自己、对世界的所有想象，人因此就有了截然不同的心灵。静想还能帮助我们审视自己，审视周围的世界，看到自己的言行和举动。然而，思想只有在安静的内心环境下才会产生积极作用，否则，很容易产生扭曲和幻觉，此时独处便是很好的选择。

要做到这点，我们就需要养成在寂寞中思考、在独处中倾听内心声音的良好习惯。当你独处时，你是感到百无聊赖、难以忍受呢，还是感到一种宁静、充实和满足？对于有"自我"的人来说，独处是让内心清静下来的绝好方法，是一种美好的体验，它固然会让人感到寂寞，但却有利于我们灵魂的生长。

总之，我们每个人都要做一个耐得住寂寞的人，只有这样，才能够挖掘出另一个自己。你也许会发现自己的某些惊人的力量，也可能会发现自己的缺点或者做得不够好的地方，然后加以改正，使自己不断进步，并能够扬长避短，发挥自己的最大潜能，从而不断获得成功。

运用静想，充实自身的灵性

静想大致可以分为两种：一种是无种子静想，另一种是有种子静想。所谓无种子静想，就是"无为"，无念，无思虑。有种子的静想，就是"有为法"。

所以"无种子静想"，就像是你彻底忘记了呼吸这件每分每秒都要做的事情。你没有思想，没有杂念，也不再有呼与吸，彻底达到"大寂静"的状态。欧林将之称为"意识的休息"，也有人将之称为"大休憩"。换言之，就是彻彻底底地放松，放下所有的私心杂念，使心灵得到充分而又完整的休息。这种状态也叫三摩地，也有人将其称为禅定。

所谓有种子静想，更像是把自己的心智看作一个容器。而各种思想振动都以波的形态在宇宙间弥漫。在此过程中，你邀请一个思想进入你的"心智"，然后释放它，接下来再邀请另一个，然后再释放……这就宛如思想会呼吸一样，在一呼吸之间进出你的心智体。假如你的振动偏高，偏轻盈，你就与轻松、明亮的思想产生共振，从而将较为光亮的思想拉入自己的心中，并且创造相应的体验；假如你的振动偏低，偏厚重，你就与厚重的思想共振，从而也可吸纳诸如此类的思想进入心中，由此，你的意识创造了你的实相，厚重的情境从四面八方涌来。这就是所谓的吸引法则，也是所谓的"万法唯心造"的道理。

不过，很多时候，你的振动是由你对生命、对实相的领会而产生的，你无法左右自己的振动，所以你也无法控制自己的思想。在修行时，有一种"有为法"能够产生正念。既然我们无法控制自己的思想，那么就要在自己有正念时尽量使自己的心神停歇在正念上，从而尽情地享受当下的一刻。当你的思想与呼吸停止在某个点时，你可以尽力不让这个思想呼出，这就像你努力憋住气不让将其呼出一样，从而将其定在那里。此时此刻，只要这个思想保持停滞状态，下一个思想就无法进来。如此一来，你就打断了思想的流动。你止于这个想法，使自己的心神完全聚焦在这里，这里就是你，你就是这个想法，持续地，你就是它，它就是你。这就是有种子静想，也叫有种子的定。在祈祷与祝福中，人们经常使用这种静定。因为当你处于祈祷、祝福的状态时，你就会长时间地停留在一个善愿中，所以，你所有的能量都与这个善愿对齐，你将成为这个善愿。

欧林的大部分静想都属于第一种。通过欧林的引导，人们可以运用自己的想象力，使各种善念在心中舞蹈，逐渐地，你就会与善念融为一体，它变成你，你变成它。在潜意识中，你可以用较高振动对较低振动取而代之，植入光的、爱的、觉醒的种子。欧林曾经说："有个无欲的境界：你只是存在，你没有任何期求，你的生活完全不涉及有与无。在你还没有发展到这个层次之前，你可以先把渴望当作助你成长的利器。"每个渴望皆有成因，因此，你可以为了成为大我而渴望灵性的成长。强烈希求成长的愿望占据你的整个脑海，弥漫在你一切的想法中。你越渴望成长，你就越能将自己的所有行为导向灵性成长，从而加速达到开悟境界。

玛丽是五个孩子的母亲，平时在家照顾孩子和家庭。因为一些不寻常的经历，每天早晨，她都在一种必须写东西的强烈欲望中醒来。玛丽患有严重的风湿病，饱受病痛折磨。与此同时，为了重新探索自己的信仰与生命目标，她陷入了苦苦的挣扎之中。

因为接二连三发生了一些事情，所以玛丽的朋友建议她练习静想，以此充实自身的灵性。开始的时候，玛丽对朋友的建议持质疑的态度，毕竟这对于她来说是一件极为不寻常的事。不过，最终她还是采纳了朋友的建议，开始练习静想。随着练习的时间越来越长，玛丽进步得很快，渐渐地打开了自己，迎接灵性的成长，与此同时，她还日益感受到自己不断地在奋斗与挣扎中寻找到爱、信心和勇气。

终于有一天，玛丽积累了足够的力量和勇气，决定试试看自己到底能写出什么样的东西来。让她想不到的是，她提起笔来，文思泉涌，一发而不可收拾，写出了很多颇有灵性的文章。在练习静想的过程中，她的内心日益充实丰盈，充满了爱、灵性和力量。通过自己的笔端，玛丽把自己的所学毫无保留地传授给别人。

灵源所传授的知识就像一盏明灯一样指引灵性追求者，其目的是唤醒人类内在的神光。要经由戒律及有恒的锻炼以达到真理的无限光辉，经由心灵的传导通达心灵的天空，最后到达至上永恒之境。如果一个人能够获得如此荣耀，就将拥有无限的力量，安坐在他的神圣境界中，啜饮无限喜乐，成为一个真正意义上的圣人，一个永远觉醒的灵魂向导，带领追求灵性的人们径直走上康庄大道。

学会独处，感受难得的静谧

也许是人们已经对这个快餐时代感到麻木了，也许是人们已经习惯了这种紧张忙碌的生活，越来越多的人无法真正地静下心来彻底地放松自己。在情绪的怒海之中，他们宛如失去方向的一叶扁舟，任不快、烦恼、茫然日复一日地折磨着自己。

这样一来，必将导致失眠、精神郁闷，甚至会患上或轻或重的抑郁症。现代的职场人士，几乎每个人都无法逃脱"现代人紧张综合征"的折磨。

其实，要想摆脱这种状态很简单，就是安静下来，留给自己充裕的独处时间。当你感觉情绪压抑、心情紧张，感觉在生活中失去方向、陷入迷茫的时候，请学会安静地独处，给自己留点时间用于细细品味生活。找个清静的地方待一待，从纷乱嘈杂的现实中退出来；在安静、沉寂中思考自己的人生，扪心自问想要怎样的生活；学会独处，让自己躁动不安的心逐渐归于平静。其实，生活中的很多烦恼和不快都来自自己的内心，要想平衡心理问题，就必须心静。因为宁静才可以致远。只有在独处的时候，大脑才会更加清醒；只有在独处的时候，身心才能彻底放松下来。有人用一杯香茶独处，有人用一段音乐独处，有人用一本爱不释手的好书独处，有人用窗外的远山独处，也有人放空心灵，什么都不想，让自己的整个心灵处于空白和清灵的状态。生活的环境越是浮躁、焦虑，人们就越需要时间宁静地独处。倘若你能够时常留出时间来独处，甚至享受孤独和寂寞的滋味，那么你必定拥有一颗成熟的、淡定的、平静的心灵。

在安静平和的一个人的世界里，你能够更加成熟理智地看待这个纷繁复杂的尘世，充分地享受心灵的无拘无束、自由自在。很多时候，假如你已经习惯了喧闹，往往很难立刻安静下来。独处时的安静，并不是我们平时所说的外在世界的安静，而是身与心和谐联结时，才能达到的和谐境界。一旦我们的身与心赤裸裸地相遇，就会马上暴露我们平常的身心相处的状态——是身心一致呢，还是身心分离呢？独处时的安静，要求我们的身心高度和谐一致，要求我们必须全身心地专注于自己的身心，只有这样，才能真正达到宁静致远的境界。

小丽是一位全职妈妈，在一次妈妈们的友人聚会中，她与其他妈妈分享了自己的人生经验——在她最小的孩子上小学以后，曾经有很长一段时间，她非常害怕自己一个人独处。每天，只要把孩子们送到学校之后，她就会赶紧去市场或超市，或者其他人多的地方。面对空荡荡的家，她觉得自己的心似乎也被掏空了，所以她强烈感觉自己必须赶快看到人，和人说说话、聊聊天。但是，总不能一直在市场或者超市啊，一旦做完该做的事情，她还是得一个人回家。在家独处的时候，她总是非常焦虑地等待着孩子们放学回家，似乎只有孩子们回家了才能打破那一屋子的寂静。这种煎熬持续了很长一段时间，直到她发现自己的身体有了不适。除就医治疗外，她开始关注自己的心灵，积极地寻求方法改善自己的状况。后来，她经常抽空回家探望自己的母亲，与亲密的朋友参加自我成长课程，还报名参加了自我提高培训班。眼下，她的生活作息与之前差不多，但是，她的心境却有了很大的改观。现在的她再也不怕独处了，而是能够非常享受自己的独处时光。她的心境变得越发平和，每一天都充满希望，她的变化也使她与家人之间的关系更加亲密。

当时，在座的很多妈妈都是职业女性，而且其中的大多数人都身居要职，每天都在忙碌地做好本职工作的同时兼顾家庭。听完小丽的一席话，大家都陷入了沉默，仿佛突然间醒悟了似的：自己已经习惯了走路都要小跑的忙碌生活，现在还有闲下来独处的能力吗？

的确，独处是一种能力，当你处于人生中最忙碌的时候，是否还有能力让自己放慢脚步，变得舒缓、安静？在行色匆匆的生活中，我们在不知不觉之间迷失了自己。当我们远离了外界的喧嚣，独自面对自己的内心的时候，我们褪去了伪装的笑容，才能真正安静下来审视真实的自己。每一个有能力独处的人都应该感谢生活赐予了我们独处以审视自我的时光。现实的生活把每一个人都历练得无比坚强，就像沙漠里的仙人掌，浑身长满了刺，只有自己才知道自己内心的清凉和柔软。很多时候，我们需要的并不多，只是一点音乐、一杯清茶，或者是一本书。在周末的清晨，假如你不用上班，也不用忙于应酬，不妨静下心来闻一闻阳台上绿植散发出的淡淡清香，用心捕捉那若有若无的芬芳。对待人生也一样，如果能够沉醉在这迷人的香气中，你的人生也将因此变得美丽。在午后慵懒的阳光中，不妨一个人静静地品尝一杯卡布奇诺，看一本心仪已久的书。呷一口，看几行，你的心就会被这温暖的快乐充实起来。如果能够有机会去海边的小屋度假，享受倾泻而下的阳光，眺望远处湛蓝的天空，即使什么也不做，只是静静地躺着，闭上双眼看那红彤彤的太阳，你也能够从心底里感受到生命的美好。在一个春风拂面的清晨，去郊外看看那刚刚冒出新绿的野草和野花，感受生命的顽强，在这一瞬间，你的内心将充满希望。只要你想独处，只要你真心地享受独处，不管在什么情况下，你都能安静下来，感受到独处的快乐！

调整呼吸，专注身心

对于静想，首要的就是专注，即暂时放下所有的思绪，全身彻底放松，将一切意念集中在身体上，幻想自己置身于鸟语花香的美丽环境中，使自己的身心得到完全的放松。大家都知道，人体的重要功能之一就是呼吸，不管什么时候，我们都要依靠呼吸来给身体传输氧气，创造能量。有些传统理论认为，呼吸可以增强生命力。每当人们的体内充斥着压力因素的时候，呼吸的频率就会加快。反之，假如人们有意识地放慢呼吸，结果会怎么样呢？事实证明，呼吸频率与压力水平直接相关。所以，要想缓解各种各样的压力，也可以采取控制呼吸的方法。所谓的呼吸静想，其实就是这样一种方式，它既能够调息，又有打坐法的成分。从某种意义上来说，呼吸静想吸纳了打坐法和调息法的长处。

要想学会用调整呼吸的方式来缓解压力，我们首先需要学会深呼吸。所谓深呼吸，其实来源于佛教的深呼吸坐禅。使用这种技巧的打禅者必须首先学会把注意力集中在呼和吸的气息流动上。在此过程中，无须对这个过程作出反馈，但是必须全神贯注于正在经历的过程。禅定派起源于印度吠陀的传统。为了防止干扰进入大脑，这种坐禅通过采取反复一个词或者一种声音（咒语）的方式。而要想使自己的静想效果良好，就要控制好呼吸，最好结合深呼吸和伸展运动。假如练习正确，运动配合呼吸也是一种静想。

一般情况下，呼吸的方式包括三种：第一种是胸式呼吸。具体的做法是：伸直背坐着或者仰卧身体，深深地吸气，但是不要让腹部完全扩张；把空气直接吸入胸部区域。在进行胸式呼吸的过程中，腹部应该一直保持平坦，只有在胸部区域扩张之后，当吸气越来越深的时候，腹部才向内朝脊柱方向使劲收缩；吸气的时候，肋骨是向外和向上扩张的，继续呼气，肋骨向下并向内收敛。第二种是腹式呼吸。具体的做法是：仰卧，把手轻轻地放在肚脐上；吸气的时候，把空气直吸向腹部；假如吸气的方式是正确的，手就会随着腹部抬起；吸气越深，腹部升起越高；随着腹部的不断扩张，横膈膜就会下降。随后呼气，腹部向内朝脊柱方向使劲收缩；凭着尽量收缩腹部的动作，把所有废气都从肺部呼出来，这样做时，横膈膜就会自然地升起。第三种是完全呼吸。这是一种非常自然的呼吸方式，具体做法是把上述两种呼吸方式结合起来。只要进行一段时间的练习，你就能够在日常的练习和生活中随意地使用这种呼吸方法，并且渐渐地习以为常。假如能持之以恒地锻炼自己的气息，就能增加氧气的供应，净化血液；此外，还可以经过锻炼使肺部组织变得越来越健壮，增强免疫力。随着胸腹活力和耐力的逐渐增长，人们的心灵也会变得越来越清澈透明。

最近这段时间，艾玛的生活简直是一团糟。在生活中，她七十多岁的老妈妈生病住院了，而且她五岁的女儿也因肺炎住院；在工作上，由于助理的疏忽，她的一个建筑设计方案涉嫌剽窃，被另外一家公司的负责人起诉了，不日将开庭；而对于自己，可能是因为人到中年，总觉得精力不济，神思涣散，不管干什么事情，都打不起精神来，因此只能一天天地强撑着。一个偶然的机会，艾玛接触了静想。听到负责人介绍的一系列神奇效果，艾玛就参加了几次。谁知道，一旦参加并且开始练习之后，艾玛就爱上了静想。通过一段时间的静想练习，她学会了调节自己的呼吸,全神贯注地沉浸于自己的内心世界和一呼一吸之中。渐渐地,她变得神智清醒,精神抖擞。似乎心神一变,万物都跟着变了,女儿的肺炎好了,老母亲的病情稳定了,工作也有了起色,侵权的问题对方已经准备撤诉了,凡事都在往好的方面发展。

其实,并不是事情真的随着心情的改变而发生了改变,而是艾玛的心境不一样了,所以看待问题更加积极乐观了。而一旦看待问题的角度发生了改变,人们就会由消极变得积极,由积极变得更乐观,这样一来,自然能够以更好的精神面貌解决事情。

实际上,练习静想的第一步就是控制气息。只要掌握了方法,即使在家里,在任何安静的环境中,随时随地都可以练习。只要坚持下去,就能够收到良好的效果。需要注意的是,在练习的时候,一定要全神贯注,集中自己所有的精力和意志力于一呼一吸之间,这样才能收到事半功倍的效果。

很多事实证明,静想能够激发体内的变化,特别是肾上腺素的反应。在人的身体中,肾上腺素的最大作用就是自动调节很多非自主身体机能,诸如心跳、出汗、血压、呼吸和消化之类的机能。现在,人们已经意识到通过集中精神和呼吸控制肾上腺素中的一个要素——介质能够影响身体的其他功能。这样一来,当人们放慢呼吸的频率时,心跳、血压等其他机能就会随之发生变化。很多人认为，保持开朗的性格和积极乐观的态度也是一种静想，虽然这听上去不像东方哲学那么玄妙。研究证实，很多慢性病的治疗在相当程度上取决于病人的态度，如果患者的心情比较好，性格乐观开朗，那么，他们的病情就能够更快地好转。因此，每个人不妨每天都抽出时间来想一些快乐的事情，时间长了，就能使自己的心情变得越来越好，性格也会逐渐变得开朗起来。

第十章
珍惜生活，感悟幸福人生

可能很多人都会产生这样的疑问：什么才是我要的幸福？是拥有无尽的财富，是衣食无忧的生活，还是受人瞩目的地位？如果这些都不是，那么什么是幸福呢？幸福是属于你自己的，是一种内心的感受。不管你现在的生活如何，你都要学会珍惜，因为幸福是简单的，越是简单的生活，越是幸福的；我们需求的越少，得到的自由就越多。珍惜简单的生活，就会多一分舒畅，少一分焦虑；多一分真实，少一分虚假；多一分快乐，少一分悲苦，这就是简单生活所追求的终极目标！

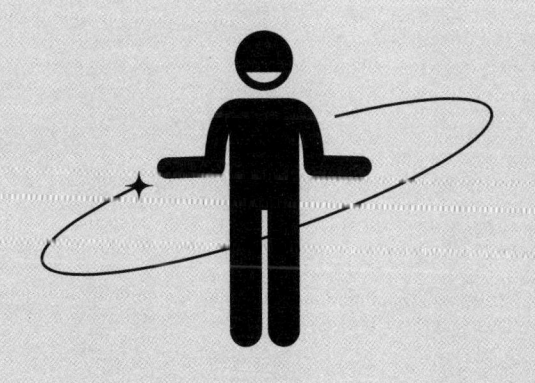

不必羡慕他人，适合自己的才是最好的

我们可能都有过这样的体会：你的一个朋友买了一件很漂亮的衣服，她穿起来很好看，于是，你也想买一件，但你在试穿后，却发现，这件衣服尽管好看，却不适合自己的气质，你只能放弃……这只是生活中的一个简单的道理，但从这件小事中，我们不难得出一点：只有适合自己的才是最好的。我们都是在集体中生活的人，我们也都有自己的圈子，于是，我们常常不经意地用周围人的眼光来审视自己的生活，认为别人比自己过得好，比如，一些人会感叹：如果我的爱人也这么漂亮，带出去该多有面子；如果我的老公也这么有钱，我就不用这么辛苦了……许多时候，女人们往往看不到自己的幸福，而是认为，只有别人觉得自己是幸福的，才是真的幸福。实际上，幸福是属于自己的，他人只能旁观，却不能真正感悟，按照别人的期望经营生活，很可能让自己与幸福背道而驰。

生活中，谁没有自己的考虑和选择？但幸福是自己的，我们不必太过在意周围人的眼光。这就如同人们常说的：

"如人饮水,冷暖自知。"我们不能把自己的意识形态强加于别人,当然也不能轻易接受别人的思维。人是群居动物,不是特立独行的,那些"标新立异"的,最后成功的只可能是极少数,且这样的成功都是用很大的代价换取的。与其这样,我们还不如享受自己的那些简单的幸福。

古今中外,关于幸福,人们有很多的理解:对一门心思敛财的葛朗台,拥有如山的金币大概就是他最大的幸福吧。但当他年老力衰,甚至生命垂危之时,他仍念念不忘他的金子,这样的幸福是多么的可悲。当中国的封建学子们以"洞房花烛夜,金榜题名时"为人生的最大幸福,并且为之奋斗终身时,我们亲眼看到了无数个吴敬梓笔下范进中举之后喜极而狂的场面。幸福就是如此吗?其实,幸福只是一种纯粹的内心感受,只要我们懂得发现,懂得珍惜,幸福就很简单。所谓珍惜并不是要去珍惜最好的,那不叫珍惜。珍惜的真谛恰恰在于"敝帚自珍"——正因为不够完美,所以才需要我们去珍惜。唯有珍惜,才能使寻常的日子、寻常的人、寻常的感情历久弥新,变得珍贵。

总之,请不要用别人的眼光去审视自己的幸福,幸福是属于你自己的,任何人都有话语权,但却没有决策权。新时代的人们,都应该有一颗独立自主的心,更明智地选择自己的生活,更加理智地去看待身边的人或事情,从而让我们的生活更加和谐，更加美好！

练就强大内心，不妄自菲薄

生活中，我们常说："人无完人"，的确，人都是不完美的。但这并不代表我们一无是处，因此，我们大可不必因为别人比自己优秀而妄自菲薄，做自己，才能活得精彩。有心理学家指出：一个女人如果自惭形秽，那她就不会成为一个美人；如果一个男人不相信自己的能力，那他就永远不会是事业上的成功者。从这个意义上说，如果你是个自卑的人，那么，树立自信心是战胜自卑感的最好方法。

小蕾是个很勤奋的姑娘，但有个缺点，就是有点自卑，甚至做事扭捏。她在现在这家广告公司已经工作五六年了，但这么长时间里，她好像就是个可有可无的人，因为她几乎没接过什么重要的任务，尽管在大家看来，小蕾是个人品好、工作认真的女孩。

最近，她似乎转运了，在公司的选举大会上，她被同事们选举为公司新部门的副主管，她总算进入了中层管理人员的行列。她好运连连，公司还给她安排了去法国总部进修的机会。

一直业绩平平的小蕾居然获此机会，这让很多人都急红了眼,他们都争相向老板争取这个机会。

这天上午,小蕾正在整理资料,她接到电话,经理让她去一趟。她坐下后,经理笑着说:"这次你被老总点名派去法国进修,说明公司对你寄予了厚望,你的工作能力和态度也是被公司肯定的,但这几天,一些资历老的同事不断来找我,让我十分为难,你也知道,说实话,他们的资历真的比你老,工作能力也不比你差,如果你能让步,下次我一定给你争取更好的机会。"

小蕾听完这些话,傻站了半天,她不知道该怎么办。接着,经理让她回去好好想想。小蕾实在不知道怎么办,最后,她决定给自己的好朋友万云打个电话,让她为自己支个招。万云从来都是个很有主见的人。

万云听她说了个大概,马上就笑着说:"如果你让出这次机会,你觉得别人在背后会怎么议论你?"

小蕾没明白过来,说:"我怎么知道啊?"

万云叹了口气,说:"你以为别人会说你善解人意、先人后己吗?别傻了,他们会说你傻、缺心眼、没脑子。已经到手的学习、升职机会你拱手于人,他们不但不会感激你,还会认为你是个白痴呢。而你的领导,也可能认为你缺乏干练的工作能力,你认为他下次真会把机会留给你吗?"

小蕾急了:"可是,经理还等着我回复呢,我要是不答应,那以后我还怎么在公司混啊？"

万云说："我劝你还是直接说自己需要这次机会，否则，你们经理可能会认为你忸怩作态呢。再说，万一这是他故意试探你呢？如果你真的退让了，让别人抢走本该属于你的机会，以后他会稳稳当当地继续当领导，或者升职调去其他部门，那么你能剩下什么、得到什么？下次说不定又有人跟你抢呢。"

小蕾觉得万云的话很有道理，于是，就采纳了她的意见，回复人事部经理说："我很感激公司和经理对自己的栽培，很珍惜这次出国进修的机会。"

进修回来后的小蕾果然干练、大方多了，少了过去的很多稚气。

这则案例中，我们看到了一个自卑害羞女孩的成长过程。刚开始的小蕾显得很不自信，幸运的是，她得到了好朋友的指点，大胆表达了自己的想法，获得了历练的机会。

可见，只有大方为事，果敢自信，才能让别人相信你。生活中，我们可能更在意别人对我们的评价，我们无时无刻不在展现我们的心态，无时无刻不在表现希望或担忧。但如果别人不相信我们，如果别人因为我们的思想经常表现出消极软弱而认为我们无能和胆小，那么，我们将永远不可能担当大任。

哲人说得好，你听到的并不一定完全正确，也不要因为他人的议论而妄自菲薄，否则就会陷入自卑的"心灵监狱"。的确，我们发现，总是有一些人，他们除了拿自己的缺点与别人的优点相比外，还习惯听从别人的话，于是，他们便看不清真正的自己、埋藏了自己的潜力，最终，他们变得无比自卑。

心理学家指出，内控的人认为自己可以掌握一切，外控的人认为自己事事受制于人。如果你内心自卑、妄自菲薄，并且不愿意去克服，那么做什么都会觉得无能为力，谁帮你都无济于事。

以下是克服这一错误意识的几种方法，不妨尝试一下：

首先，客观地认识自己，意思就是不仅要看到自己的优点，也要看到自己的缺点，并客观地给予评价。要做到这一点，除了自己对自己的评价，还要注意从周围人身上获取关于自己的信息。这些人可以是我们的父母，也可以是我们的朋友，也可以是我们的同事，只有这样，我们才能够逐步形成对自我的全面客观的认识。

其次，全面地接纳自己。接纳自己的优点，而容不下自己的缺点，是很多人容易犯的错误。一个人首先应该做到完整的自我接纳，才能为他人所接纳。

因此，真正的自我接纳，就是要接受所有的好的与坏的、成功的与失败的。不妄自菲薄，也不妄自尊大，不卑不亢，才能健康地发展自己，逐步走向成功。

你还需要积极地完善自己的不足。这些不足，指的是"内在"层面上的，比如，学识、技能、素质等。

另外，对于别人对你的批评，你需要理性地看待。因为别人批评你是免不了的，如果你对别人的批评很在意，心里就会很难过，愈辩就愈黑；如果你以理性的态度、开放的心情去接受，反而会很坦然。

珍惜当下，戒掉抱怨

生活中，我们常常听到身边的人抱怨道："哎！工作太累，天天都有干不完的活，连喘口气的时间都没有！""看看我们公司的那伙人，那是什么素质简直没法说！""我们家那位一天只知道挣钱，连结婚纪念日都忘记了。""我怎么就生了这么笨的一个儿子，学习上好像从来不动脑子。"抱怨就像瘟疫一样在我们周围蔓延，愈演愈烈。在他们看来，他们似乎从没有遇到顺心的事，无论何时，你都能听到他们抱怨的声音，这也让他们周围的人都感到很烦躁。因此，我们不难发现，充满抱怨的世界是没有快乐的，我们每一个人都应该学会珍惜现在，幸福就会常伴我们左右。

第十章
珍惜生活，感悟幸福人生

有这样一个故事：

有一个著名的画家叫列宾，一天下雪后，他和他的朋友在雪地里散步。

他的朋友看到了洁白的路边有一片污渍，显然，这是猪留下来的尿迹，于是，他就用旁边干净的雪将它覆盖了。谁知道，列宾发现后生气地说，"这几天我总是到这来欣赏这一片美丽的琥珀色，而你现在却把它涂抹了。"

在生活中，很多人总是抱怨生活不如意或者埋怨别人给自己带来麻烦，总是只看到白雪上的访谈，而实际上，它是"污渍"还是"美丽的琥珀"，都取决于你的心态。

为什么抱怨的人会觉得活着这么累，因为他只看到了自己的付出，而没有看到自己的所得；而不抱怨的人即使真的很累，也不会埋怨生活，因为他知道，失与得总是同在的，一想到自己将有所得，他就会感到高兴。

的确，抱怨只会让我们浪费大把的时间，因为它会破坏我们原本积极的潜意识。你可能有过这样的体会，只要我们的头脑中有一丝抱怨的意识，那么，我们手中的工作就会不由自主地慢起来，然后内心开始为自己鸣不平、讨公道，甚至是抱怨老天不公，在这种坏心情的影响下，不仅我们的工作和生活都受到了影响，我们的心态也会发生改变。而真正的勇者，从不抱怨，总是淡定、冷静地看待世界，审视自己，最终成就自己。

其实，没有一种生活是完美的，也没有一种真正让人满意的生活，如果我们能做到不抱怨，而是以一种积极的心态去努力进取，那么，我们收获的将会更多。如果我们养成抱怨的习惯，那就像搬起石头砸自己的脚，于人无益，于己不利，于事无补，生活就成了牢笼一般困住了自己不得自由，还会让你觉得处处不顺时时不满。所以，每个人都应该认识到：自由地生活着，其实本身就是最大的幸福，哪有那么多抱怨呢？

因此，无论你的情况如何，都不要抱怨，不要抱怨你的家境不好，不要抱怨你的专业不好，不要抱怨你的爱人不体贴，不要抱怨你的工资少，不要抱怨你的老板不近人情……生活是你的朋友，不是你的敌人。生活总是有那么多的不尽人意，就算生活给你的是垃圾，你同样能把垃圾踩在脚底下，登上世界的巅峰。

卡耐基曾经遇到过这样一个女士：

这位女士一见到卡耐基，就开始抱怨，她先抱怨她的丈夫不好好工作，又开始抱怨她的孩子，说她的孩子不好好学习。总之，她有很多不满意的地方。等她抱怨完了，卡耐基对她说："这位女士，您太追求完美了。"当她听到这句话后，非常吃惊地看着卡耐基，过了好一会儿才说："卡耐基先生,您认为我非常追求完美吗?可我并不这样认为啊!而且像我这样相貌不好、学历也不高的女人,根本不会去追求完美的。"

卡耐基说:"您刚才跟我介绍过你的情况,你想想看,你的丈夫现在才三十几岁,但却有了自己的公司,这已经是成功人士了,你为什么还认为不够好呢?而您的儿子,他才上小学四年级,每次也能考个不错的成绩,您又为什么不满足呢?不正是在追求完美吗?"听了卡耐基的话,那位女士很长时间都没有说话,最后接受了卡耐基的说法。

其实,生活中有很多这样的人,他们总是对生活现状不满,总是不断追求完美。有的人表现为对自己要求特别严格,而另外一些人则对别人非常严格,但总的来说,就是看不到生活中美的一面,他们的脸上总是愁云密布,其实,如果他们能换个角度,那么,生活中便处处充满美好。就如上文中那位女士一样,在卡耐基的点拨下,她看到了"儿子学习成绩不错""丈夫事业有成"这两点。

认为自己可以获得更多,总是苛求生活,是导致人们不快乐的主要原因之一。爱抱怨的人总要按照一个不切实际的计划生活,总是跟自己过不去,总认为自己时机未到,所以整天闷闷不乐;而快乐的人则能看到生活中美好的一面,他们拥有一颗知足的心,工作生活起来很开心、满足、有滋有味。因为他们懂得生活的艺术，知道适时进退，取舍得当。快乐重在把握今天，而不是徒手等待将来。事实上，我们每天都可以做自己喜欢的事情，不在乎表面上的虚荣，凡事淡然，不苛求，那么，快乐、幸福就离我们不远了。

成人之美，为自己铺路

古往今来，人们都强调竞争的重要性，敢于争取，勇于竞争，才能为自己赢得一席之地。尤其是在当下，市场经济条件下的竞争已呈现在社会的每个角落，人与人之间的竞争结果往往与人们的生存质量息息相关。然而，我们也看到了一味竞争给人际关系带来的一些负面影响，处处充满杀机，着实使人草木皆兵。如果我们能做到"淡泊名利"，不与人争抢，而是加强合作，进而弱化竞争，今天你成他人之美，那么，明天他人也会成你之美，多一份信任和友爱，才会多一份友谊。

美国第三任总统杰斐逊与第二任总统亚当斯从交恶到宽恕也是这个道理的显现。

杰斐逊曾是美国总统，在就职前夕，他来到白宫，是想表明自己的立场，也就是想告诉亚当斯他希望针锋相对的竞选活动并没有破坏他们之间的友谊。

第十章
珍惜生活，感悟幸福人生

然而，就在杰斐逊准备开口前，亚当斯居然暴跳如雷，说："是你把我赶走的！是你把我赶走的！"此事件后，他们好多年都没有往来。

某一天，杰斐逊的几个邻居和亚当斯聊天时，还提到这件事，亚当斯脱口说出："我一直都喜欢杰斐逊，现在仍然喜欢他。"

这些邻居把这话传给了杰斐逊，杰斐逊便请了一个彼此皆熟悉的朋友传话，让亚当斯也知道他对这段友情的重视。后来，亚当斯回了一封信给他，两人从此开始了美国历史上最伟大的书信往来。

这个故事告诉那些还在为鸡毛蒜皮和朋友老死不相往来的人，那些为了不值一提的小事与人大打出手的人，懂得退让是一种多么可贵的精神！

然而，现实中，我们常常见到某些人为了一些小事而争论不休，最后不争个面红耳赤、不可开交决不罢休。人之患在好为人师，与人交往，退后一步，反而更有利于前进，正验证了"无欲则刚，有容乃大"这个道理。

与人交往，凡事争第一，很容易成为众矢之的；而低调行事、懂得隐藏自己，即使吃点亏，你也赢得了人心，那么你自然就是别人眼中的"好人"，拥有了好人缘，荣誉和信任必将接踵而至。

那么，我们该如何退一步呢？这需要我们站在他人的角度来思考问题，或者多想想这件事情所带来的好处，凡事都有它的两面性。

其实，生活中有很多事都是我们所无法掌控的。大家都想占便宜，哪里又有那么多的便宜让人来占呢？保持一颗平常心，吃得起亏，也许真的会成为人生的一大幸事。在现代交际中，我们也要学会忍耐和包容，自己吃点亏，也是一个很好的交际方法，这会让我们在对方眼里变得豁达、宽厚，让我们获得更深的友谊。这当然会使对方更心甘情愿帮助我们，为我们做事。

可能你会发出这样的疑问，万一对方有意与自己较量，又该如何？此时，你不妨装傻，选择沉默。宽容大度的人是不会和人起争斗的，因为他听不到也说不出。对方也不会找这种人斗，因为斗了也是白斗。对方如果一再挑衅，只会凸显他的好斗与无理取闹，因此面对你的沉默，这种人多半会在几句话之后就仓皇地且骂且退，离开现场，如果你还装出一副听不懂的样子，那么更能让对方败走！

当然，这并不代表默默承受别人的侮辱，而是一种大智若愚。对所遇到的事情，要多用眼睛去看，多用耳朵去听，多用脑袋去思考。不是没有自己的意见，而是谨慎得出结论，用不着把所有的都展示在大众的眼前。总之，与人交往，遵循"闭上嘴巴，默默地充实自己"的原则，才会多一份深度，少一些冲动。多一些涵养，少一些抱怨！

总之，我们不能为了竞争而竞争，有些竞争是必需的，有些竞争则是无关紧要的，该放手的时候就放手。放弃是一种智慧，是一种豪气，是更深层面的取舍。学会放弃，才能卸下人生的种种包袱，轻装上阵，迎接生活的转机，度过风风雨雨；懂得放弃，才能拥有一份成熟，才会更加充实、坦然和轻松。今天我们成他人之美，明天他人就会成我们之美。这是一个和谐的世界，成人之美是这个和谐世界的最美乐章。

了解你的本性，成就属于你的人生

作为一个平凡的人，我们都生活在一定的社会集体中，我们的思想难免受到他人的影响，于是，一些人便开始了抱怨，学会了比较，总认为自己的生活不如他人的幸福。比如，买衣服时，他们会抱怨自己没有钱买更好的；恋爱时，他们会抱怨自己的恋人不够帅、不够漂亮；结婚后，他们会抱怨孩子不听话……没买房子，会比谁第一个买房；买了房子，会比谁的房子大；没钱的时候，会比谁有钱，有钱的时候，会比谁的钱多……似乎他们永远看不到自己生活的美好，看不到爱人的细心，看不到孩子的可爱……他们往往忽视了自己的幸福，而感觉别人的幸福很耀眼，却想不到别人的幸福也许对自己来说并非幸福，更想不到别人的幸福也许正是自己的坟墓。事实上，幸福是自己的，顺应自己的本性，不去抱怨，不去攀比，你会活出一个别样的、精彩的人生。

张岚今年三十五岁了，和丈夫的婚姻走到了七年之痒的阶段。这年，命运给她安排了一场突如其来的灾难，她后来常常想，如果没有这场灾难，也许她和丈夫早已劳燕分飞，因为他们已经没有任何在一起的理由——丈夫马上要出国，可以拿到几倍的薪水，而她也可以像时尚杂志中的单身贵妇一样再寻寻觅觅，找一个配得上自己身份和收入的男人。但命运不是这样安排的：

在丈夫即将出国时，她发现，她身边的女性朋友，无一不是住着豪华别墅，丈夫或者恋人也无一不是行业内的精英或大老板。而自己的丈夫只不过是个技术人员，他的收入让自己过着粗茶淡饭的日子，这样的日子她已经过够了，同是名牌大学毕业，为什么自己和姐妹们的命运如此不同？

于是，她和丈夫不断争吵，但正如人们说的"家和万事兴"，不兴，则祸事而至。一天，她在上班的路上，出了车祸，当她从医院醒来时，发现身边那个男人已经泣不成声，那一刻，她发现了这个男人的好，更想起了他们恋爱的那些日子。

那时候,她是个害羞、胆小的姑娘,因为担心自己不够优秀,所以不敢去爱优秀的男孩;因为害怕将来失去,所以索性现在拒绝;但真的拒绝了,又怅然若失。直到有一天,她恍然大悟——她遇到一个男人,他们一起收养了一只小狗,再后来,他们相爱了。一次闲聊时,她问他:"如果哪天出现了比我更好的女孩……"他说:"如果有一天,你遇到了比现在这只小狗更可爱的……"她说:"我不会的,这小狗跟了我那么长时间,我们有感情了";他说:"哦,原来你懂得感情。我还以为你不懂呢。"于是,尽管遭到了很多人的反对,但他们还是结婚了。

直到那一刻,付出沉重得不能再沉重的代价,张岚才知道真爱是不可以计算的,因为人算不如天算——如果一个人爱你,他必须爱你的生命,必须肯与你患难与共,必须在你危难的时候留在你的身边而不是转过脸去,否则,那就不叫爱,那叫"醒时同交欢,醉后各分散",那种爱,虽然时尚,虽然轻快,但是没什么价值。

这场车祸后,张岚在丈夫的照料下,很快康复了,他们之间的婚姻关系也康复了。

这个故事中,我们看到了一个结婚女人的心路历程。她应该感谢这场车祸,让她看到了自己的幸福,抛弃了那些世俗的想法。

现实生活中，我们的周围可能有很多像张岚这样的人，她们攀比后的结论就是抱怨：生活为什么如此艰辛？孩子为什么这么不听话？老板为什么这么吝啬……好好的一天，好好的心情，就因为抱怨而蒙上阴影，这样的你幸福吗？当然不。何必自己造成这种不幸福呢？

其实，要想获得幸福并不难，只要我们看到自己真正的本性。你会发现，我是个淳朴的人，我有着可爱的孩子，我的爱人对我很忠贞，这样，你还会羡慕那些浮华的生活吗？还会抱怨吗？

如果你留心一下周围形形色色的人，就会发现，少数人活得快乐、惬意，并不是因为他们有很多钱，也不是因为他们有更好的房子、工作，他们只不过是懂得过自己的生活。

德国精神治疗专家麦克·蒂兹说："我们似乎创造了这样一个社会：人人都在拼命地表现自己，都渴望成功，达不到这些标准心里便不痛快，便产生耻辱感。"其实，这主要是因为他们的欲望太强烈了——太热衷于金钱、财富、地位、名声，这些所谓"成功"的标准。达不到，就苦恼，就会抱怨、攀比，什么程度算达到，自己也搞不清，因此只有永远苦恼下去……而学会以淡泊之心看待权力地位，这是免遭厄运和痛苦的良方，也是超然于物外的智慧。

的确，我们周围的世界总是发生着变化，和外在行为的动静相比，内心的动静才是根本，精神才是人类生活的本原。不抱怨，关注自己的内心，这样内心才能宁静而不浮躁，要随遇而安，才能知足常乐。

第十一章
治愈心灵，关键在于净化身心

每个人都希望生活能够幸福美满，可是命运的捉弄往往让人无奈和叹息。不少痛苦和失败带给我们的伤害会在一定程度上影响我们的身心健康，这就需要我们学会及时地清扫自己内心的垃圾，以健康阳光的心态更好地处理自己跟自己的关系，处理自己与他人的关系。

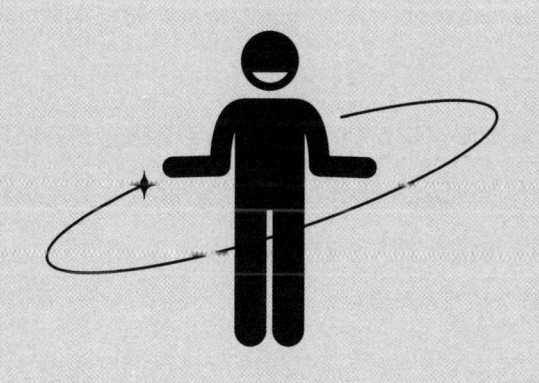

> 接纳
> 内心平和从而获得和保持快乐

健康饮食，净化身心

人在不开心的时候，会通过吃饭和喝酒来缓解压力，通过不断满足食欲，内心的空虚和压抑会得到最大限度的满足。这就是为什么男孩在孤独无聊的时候喜欢喝酒，女孩子在受到伤害的时候，可能会狂吃零食。可见，食欲的满足能在一定程度上代替人们别的欲望的不满足。尽管如此，也不能把吃当作发泄的唯一途径，否则会影响和伤害身体，会让你更痛苦。最好的办法就是用健康的饮食调节并净化身心。

姥姥的突然离世，着实让羊蕊受了不小的打击。从小姥姥最疼最爱的就是她，转眼间就阴阳相隔了，羊蕊趴在姥姥的坟前整整哭了一天。那一段时间，她特别不想吃东西，不管吃啥都没有胃口。身体也一天不如一天。

妈妈看在眼里疼在心里，每天给羊蕊做很多好吃的饭菜，希望她能尽快地从失去亲人的痛苦中走出来。可是，羊蕊却只吃一些新鲜的蔬菜，看到大鱼大肉就恶心呕吐，这可愁坏了妈妈。

第十一章 治愈心灵，关键在于净化身心

妈妈毕竟是妈妈，总不能看着女儿挨饿，既然她喜欢吃新鲜的蔬菜，那么就做给她吃。为此，她专门学习了很多烧菜的方法，变着花样做给羊蕊吃。而且，在一个医生朋友的建议下，她特意为羊蕊制订了一个方案：早上鸡蛋汤，中午两个素菜，晚上要喝牛奶。尽管没有肉，但是营养并不少。

在妈妈的精心照顾下，羊蕊的身体一天比一天好，皮肤一天比一天白。精神也好了很多。经常和妈妈一起去打球和跳舞。看到女儿开心地笑，妈妈心里甭提有多高兴了。从那以后，每当羊蕊不高兴的时候，妈妈都会特意做两个拿手的好菜来安慰她。每到这个时候，羊蕊的心也会舒畅很多。

故事中的羊蕊由于无法接受姥姥离世的打击，陷入了深深的痛苦之中，精神因此受到了严重的刺激，使她对食物失去了兴趣。在这个过程中，细心的妈妈发现了羊蕊爱吃新鲜的蔬菜，于是精心给她制订了食谱，细致周到地照顾女儿。最终，在妈妈的努力之下，羊蕊的身心得到了净化，重新找回了往日的开心快乐。可见，健康的饮食能在一定程度上缓解内心的抑郁，如果你心情不好，不妨吃点好的饭菜，或许你的心情会瞬间好很多。那么，如何用健康的饮食来调节并净化身心呢？

1. 吃饭吃到十分饱就行了

生活中，我们总是希望能吃饱。但是，吃得太多，肠胃就会不舒服，也会影响心情。因此，当你心情不好的时候，可以

吃饭吃到七分饱，保证不饿就行。如果因为心情不好而暴饮暴食，不但会让你的身体因为营养过剩而变形，还会导致身体不舒服而更加生气和不满，这在一定程度上增加了你内心的郁闷情绪。因此，当吃饭吃到七分饱的时候一定要克制自己。

2. 不妨多吃些新鲜的蔬菜

一般情况下，人在心情不好的时候，对过于油腻的东西很反感，对肉也提不起兴趣来。这时候，新鲜的蔬菜是首选。因为蔬菜清淡爽口，吃起来心情会轻松。蔬菜的新鲜和接近自然的绿色，也能让人心情舒畅。因此，如果你因为生活的一些烦恼而纠结，不妨多做一些新鲜的蔬菜给自己吃。你会发现，等你吃完之后，你的郁闷心情也会得到一定程度的缓解。

3. 搭配好饭菜的色彩营养

健康的饮食要讲究"色、香、味"俱全，这样吃起来才会感觉是一种享受。同样，当一个人心情不好的时候，饭菜的颜色也会影响他们的心情。要保证有多种颜色出现在饭菜中，比如菜中辣椒是绿色的，那么就要在汤中有西红柿的红色，有鸡蛋的黄色等。这样，会让人感觉到生活的五彩缤纷，心情也会随之愉悦起来。如果把饭做成一个颜色，你会觉得生活枯燥单调，自然不愿意多吃。

4. 要经常变换饭菜的种类

人对于经常看到的东西都有种视觉疲劳，同样，同一个菜连续吃两次以上，就会味觉疲劳，而本能地产生抗拒。因此，当你心情不好的时候，做饭菜时就要尽量变换种类，以保证味觉的新鲜。这样，你的心情才会保持新鲜，才会更加开心快乐。否则，每顿饭都看着同一个菜，人会因感觉到生活重复没有改变，自己没有改变而黯然神伤。可见，要想用健康的饮食调解身心，不妨尝试变换饭菜的种类。

解除怀疑，信任造就健康感情

很多时候，我们在感情中总是感觉没有安全感。那么，究竟为什么呢？究其原因，主要是爱情的唯一性和排他性在作祟。唯一性意味着，你选择对方，就要放弃别的选择。与此同时，也会要求对方作选择。但是，你却不能保证对方为了你愿意放弃，或者是为了你愿意将自己的选择坚持下去。

说得简单点，就是不相信对方，而彼此信任则是爱情、婚恋最起码的前提。因为怕遭背叛，怕受伤害，所以不敢放手去爱。而在爱情上举棋不定，往往会让彼此之间的感觉大打折扣，而爱情少了感觉便会变得索然寡味。因此很多人在婚恋的路上总是迷茫，不知所措。

雯雯和靖宇是通过朋友介绍认识的。见面的那天晚上，两人有说有笑,没有一点拘谨,气氛和谐,感觉愉悦。雯雯被靖宇的帅气和成熟深深地吸引了,而靖宇却钟情于雯雯的简单和真实,两人可谓是一见钟情。

没过多久,两人牵手,正式确定了恋爱关系。虽然两人一直在热恋中,但是靖宇却感觉不到一点儿幸福,反而总是忧心忡忡。曾被伤害过的他不敢再去爱,他怕对方突然从他的身边离去。

实话实说,他并不优秀,没有太多的钱,没有稳定的工作,这样的人在街上一抓一大把。而雯雯虽说不算漂亮,但是气质却非常好,而且家境也不错。在靖宇的心里,总觉得自己配不上雯雯,两人相处的时间越久,他的这种感觉越强烈。

对于雯雯来说,和靖宇走到一起实在不易。她年龄渐长,却始终碰不到那个让自己心动的人。父母的催促让她压力倍增,可是她又不想随便把自己嫁掉。而靖宇帅气不说,而且很有才华,很有思想。在她快30岁的时候能找到这样一个男人,当然要紧紧地抓住了。

但她也担心,靖宇会离开她。靖宇不落俗套、才华横溢,身边总是有很多漂亮时尚的女孩子出现,其中不乏一些各方面条件比自己都优秀的人。为此,她也总是很担忧,担心某一天,靖宇会突然从她身边消失。

尽管两人都在拼命努力,可是感情并没有增进多少。因为两人都缺乏安全感,不敢放手去爱,只是把爱情当作模式或者是程序一样走完。以至于后来两人都厌倦了这种模式,他们都很迷茫:接下来怎么办?分手吧,有些不舍得,毕竟彼此爱着对方,可是继续呢,又觉得两人都小心谨慎,爱情没有意义。

故事中的雯雯和靖宇都很喜欢对方,但是由于缺乏安全感,所以不敢放手去爱,以至于让爱情完全变了味道,亮起了黄灯,走到了十字路口。究竟是该继续,还是该放弃呢?两人都很茫然。由此可见,安全感是爱情保鲜的防护墙,因为生活的变数实在太大,爱得深了,会伤害自己。如此缺乏安全感,爱情便使得两人患得患失了。那么,如何才能让你的心在婚恋中有安全感呢?

1. 要相信自己,不要自卑

在恋爱中,很多人往往太过注重实际的条件,觉得自己条件有限,配不上对方。殊不知,爱情还是要靠感觉的。所以,要相信自己的实力,在两人之间的交往当中,千万不要自卑。你的自信更能让对方为你着迷,只要双方感情深厚,那些外在的条件也就变得微乎其微了。

2. 要相信爱情,放手去爱

由于形形色色价值观、爱情观的出现,更多的人宁愿相信金钱,而不愿意相信爱情。这样,恋爱包括婚姻就变成了赤裸裸的交易。即使是有感情的双方,也会或多或少地考虑物质因素。因此,传统的爱情价值观受到了严重的挑战,使得恋爱中的双方都不相信爱情，导致了两人畏首畏尾，不敢去爱。这也是严重缺乏安全感的表现。

3. 要相信对方，勇敢付出

彼此信任是爱情的基石。可是现实生活存在的诱惑实在太大。所以，即使是热恋中的人也总担心自己白白付出，总担心对方会离开自己，这样，便破坏了彼此之间的美好感觉。其实，大可不必为此过分担忧，恋爱是一种彼此选择，请相信你的恋人，勇敢地付出，否则，恋爱便无法继续谈下去。

4. 勿害怕承受爱情的伤害

很多人之所以严重地缺乏安全感，是因为曾经或多或少地在爱情上受过伤害，所以总是担心再次被伤害。小心翼翼可以减轻甚至避免伤害，但是同样让走向成功的路扑朔迷离。你因为缺乏安全感，便不敢去爱，但不爱怎么会有爱情的结果呢？正应了那句老话：付出了不一定有收获，但是不努力绝对会失败，会受伤。因此，受伤了，不要害怕，依然要全身心地投入去爱，因为只有这样你才能得到真正的爱情。

治愈自己，保持正能量

生活中，我们都希望自己有个好心情，好心情是生活的调味剂，带给你无穷的快乐。其实，快乐的心来自一颗安宁的心，内心安宁才能自在快乐，然而，我们似乎总是听到这样的声音："我烦死了""气死我了""这个人真讨厌"等。也可以看到一些人虽一言不发，但神情忧郁，精神恍惚。事实上，这都是心不静的表现。其实我们每个人都或多或少遇到过一些挫折，对此，大部分人都能自觉地调整心态，较好地适应社会。但也有少数人由于持有一些不合理的信念，在遇到重大挫折时往往会一蹶不振，严重的甚至不能正常工作学习，给自己和亲戚朋友带来很多麻烦。

"其实人活的就是一种心态。心态调整好了，蹬着三轮车也可以哼小调；心态调整不好，开着宝马一样发牢骚。"这是手机上的一条短信，它生动形象地说明了人的心态的重要性。心态就是人们对待事物的态度。一个心态健康的人才能真正活得健康、自在。因此，尘世中的人们都应该学会治愈自己的心，这是让自己的心饱满莹润的秘密。

米契尔是个传奇式人物，在他46岁那年，他被一次严重的机车意外事故烧得不成人形，四年后又因为一次坠机事件，腰部以下全部瘫痪。

当他醒来后，他发现自己正躺在医院里，全身被烧得体无完肤。而在他的周围，也是一群和他情况差不多的人，他们对自己的遭遇自怨自艾："为什么我要遭受这种痛苦，上天为什么要这样对我，还不如死了算了。"然而，米契尔却不这样感叹，他问自己："我还拥有些什么呢？我怎样才能重新站起来？此刻我还能比以前做哪些事？"

更有趣的是，在住院期间，他结识了一位名叫安妮的漂亮迷人的女护士，他不顾脸上的伤残和行动不便，竟然异想天开："我怎样才能和安妮约会呢？"他的同伴都认为他实在有些神志不清，他必然会碰一鼻子灰。没想到一年半后两人竟然打得火热，后来安妮更成了他的太太。

米契尔始终如一的乐观态度使他得以在《今天看我秀》及《早安美国》等节目中露脸，同时《前进杂志》《时代周刊》《纽约时报》及其他出版物也都有刊登米契尔的人物专访。

米契尔为什么能创造奇迹？因为他的心态一直都是正面的、积极的。因此，即使在灾难面前，他依然拥有好心情。当别人陷入绝望时，他看到的就是希望，于是，他最终战胜了困难。米契尔说："我完全可以掌控我自己的人生之船，那是我的浮沉，我可以选择把目前的状况看作一个新的起点。"

其实，人生路上，我们的心也可能和身体一样会得某种疾病，及时治愈，才能获得正能量，才能继续前进。

当然，要治愈自己的心，有很多种方法，比如：

第一，积极的心理暗示。

面对同样难度的事，有的人对自己充满信心，相信自己"很快就能做到"，有的人则缺乏信心，怀疑自己"根本做不到"。两种不同的心态，会导致大相径庭的结果。前者属于积极的暗示，即使遭遇失败，也不当一回事，只把做得好的印象深深印在脑子里，结果很快就成功了。而后者则属于消极的暗示，往往把失败的印象留在脑海中，这样做起来就费力费神多了。因此，永远不要对自己说：我简直太笨了；我永远也学不会；我不可能获得成功；我遇到麻烦了；我真糟糕；我无法成功，我肯定会遭遇失败；我肯定不会赢的……绝望、负面的字眼会对你产生非常消极的暗示，导致你的行为也非常消极。假如你能够坚持对自己进行积极的暗示，诸如"我很快就能掌握这项技能""我特别棒""我一定能获得胜利"，就会让你产生非常积极的思维和行为。

第二，运动法。

当你心烦意乱、心情压抑时，适度运动可带来好心情。虽然运动对于人排解不良情绪有益，但应该把握适当的度，否则会对大脑机能造成损害。并且，你要选择自己喜欢的运动，这样才能持久地练下去。

第二，把心交给大自然。

有条件的话，最好到真正的大自然当中，比如郊区。如不具备条件，可考虑到城市公园等人造的自然风光中去。在走入大自然之前，可能还得考虑时间、金钱消耗等问题，不过多数情况下，这一切都是值得的。

第四，呐喊法宣泄。

据说日本有个颇具规模的呐喊节。每年到了这个时节，全国各地的参赛者或观众云集于大山深处，有组织地按规则和程序呐喊。举办呐喊节，旨在引导人们认识和体验呐喊的心理调适作用，鼓励大家在需要时去身体力行。正因为人们通过呐喊而受益，呐喊节才被越来越多的人所认可并积极参与。

总之，只有具备良好的心态，你每天才能保持饱满的心情。心态好，运气就好。要学会调整心态，有良好的心态工作就会有方向，人只要不失去方向就不会迷失自我。

适当运动，在挥洒汗水中寻求心灵的释放

很多人在郁闷纠结、痛苦不已的时候，往往采用剧烈的运动来发泄内心的不满。一方面，是因为剧烈的运动会使心跳加快，促进全身的血液流动，一定程度上能促使情绪好转。另一方面，人们通过剧烈的运动暗示自己有能力挑战自我。同时，剧烈运动后会流汗，这个过程也是一个压力外泄的过程。因此，当你感觉郁闷的时候，不妨做一些剧烈的运动，让自己在

拼搏和汗水中发泄压力、重塑信心。

高考的成绩下来了,段鹏只差了一分,而被清华大学拒之门外。当他得知这个消息的时候,痛苦得说不出话来。这一年,他付出了太多的艰辛,最终却以这样的结局收场。他有些接受不了这个事实,接连几天,他的心情糟透了。

刘宇是他的朋友,得知这个消息之后,于这天傍晚来到了段鹏的家。段鹏无精打采地坐在沙发上叹气。刘宇走过去狠狠地拍了段鹏,说:"怎么地,哥们,蔫了?"段鹏狠狠地瞪了一眼刘宇,说:"别招我,我正烦着呢。"气氛陷入了尴尬,但刘宇并没有气馁,他这次来就是为了重新唤起段鹏的活力与斗志。他环顾四周,看见墙上挂着的小篮板,顿时心生一计。

刘宇在气鼓鼓的段鹏身旁坐下,伸手搭上他的肩头,却被段鹏猛地甩开了。刘宇并不在意,说:"你离清华只差一分,我离清华可差得远了。但说起打篮球嘛,我看你以前比不上我,现在缺乏锻炼,怕是和我差得更远了!"段鹏果然中了他的激将法,腾地站起来说:"谁说我不如你?咱们现在就出去单挑!"说着钻进屋里,拿出了篮球。

这可是他们俩的最爱。在复习会考的时候,他们经常用打篮球来缓解压力。有事没事总会打打篮球。于是,两人一起来到了操场上,开始了一场"比拼"。尽管最后打成平手,两人也累得大汗淋漓,可是过程中的欢笑与呼喊让段鹏心中的阴霾一扫而空。他明白了朋友的用意，而看到段鹏生龙活虎的样子，刘宇开心地笑了。

故事中的刘宇得知好朋友段鹏遭受了高考落榜的打击之后，来到了段鹏的家里，故意挑逗，从而激发段鹏证明自己的决心，希望借此让段鹏发泄内心的抑郁情绪。打篮球的过程中，段鹏进行了剧烈的运动，内心的不满得到了很好的发泄，心情一下子好了很多。可见，运动能让阴郁的心情得到好转，能让内心的不满和压抑得到发泄。那么，在利用运动来解脱心灵痛苦的过程中，要注意哪些方面呢？

1. 要选择有一定运动量的活动

有的人觉得只要是活动就能起到缓解内心抑郁的效果。事实上并非如此，内心的抑郁之所以能够得到缓解，这是因为运动能增加心跳的速度，能加速全身的血液循环，同时还可以借助运动发泄内心的不满。如果你只是选择一些运动量小的活动，就起不到这个作用。由此可见，当你不开心的时候，一定要在保证安全的前提下选择那些运动量大的活动，如打球、跑步等，让剧烈的运动来增加你的心跳速度，尽情挥洒汗水缓解内心的压力。

2. 尽量选择安全指数高的运动

尽管有些运动的活动量很大，但是安全系数不高，容易受伤害。在用运动来缓解压力的时候尽量不要去选，要不然你受了伤害，会增加抑郁的程度。如果实在没有合适的运动可做，不妨去练练拳击，或去跑跑步等，只要能让你迅速地流汗，就达到了最终的目的。你的心情也会随之大好。

3. 运动适当不能超越身体极限

在进行剧烈运动之前，对自己的体能有一个大概的把握；以便你在做运动的时候把握尺度，不能超越身体的极限，以免发生危险。事实上，你要做的是发泄内心的压抑情绪，而不是跟自己拼命。因此，在剧烈运动的时候，感觉到身体支撑不住的时候，要及时停下来休息，千万不要由着性子胡闹。

4. 运动前不要闯入身体的禁区

在参加剧烈运动之前，一定要先了解你的身体有哪些禁区。比如，跑步前要先考虑清楚腿脚是否受伤；在打球之前，想清楚胳膊是否健康等。这样，你就能选择适合自己的运动，而不至于盲目地参加运动，给身体带来意外的伤害，不然不但缓解不了你内心的压抑，还有可能让你因为身体受伤害而感到更加郁闷。

在真善美中找寻心灵健康的秘密

生活本就艰辛，活着本来就不是一件容易的事情，遭遇坎坷，经历失败在所难免。当然，如果心态好，能正确地体会生活，感悟生活，那么你感受到的自然多是快乐，你的生活会充满阳光，处处留下开心的微笑，会在真善美中追求健康和自在。否则，你感受到的便是酸楚，因为生活本就苦痛大于甘甜。

明梅是话剧团的演员，这天，她演的一个角色得到了上级领导的一致好评，将被评为国家一级演员。可是她却拒绝了。原来，这天是明梅和男友爱辉认识整整八年的纪念日，他们去登记结婚了。

可是，第二天，她和好朋友华宇在商场买东西的时候，却意外地看到爱辉被另外一个女孩挽着胳膊在逛商场。明梅走上前去，狠狠地抽了爱辉一记耳光，然后哭着跑回了家。

之后，明梅好像什么事情也没有发生过，依旧按时上下班。这天晚上，华宇来找明梅，看到她神采奕奕的样子，非常不解。于是悄悄地把她拉到房间里说："你没事吧？你刚刚结婚的丈夫跟别的女人在鬼混，被你当场撞见，你竟然像什么事情也没有发生过？是悲伤过度还是咋的？太不正常了吧？"

明梅微笑着说："你觉得我应该有什么样的表现，哭着闹着抹脖子上吊？"

看着明梅一脸的无辜，华宇疑惑地说："这至少也是件非常让人难受的事情。你为他付出了八年的青春，过了一个晚上就忘得干干净净了，就什么也没有了？"

明梅拍了拍华宇的肩膀说："是啊，当天晚上回来之后，我也不相信这是真的。但是转念一想，我就感觉到非常的庆幸。好在现在还没有孩子，你说要是等我们有了孩子再发现，那岂不是更糟糕吗？你说是不？所以我应该感到庆幸。"

听了明梅的话，华宇若有所思地点了点头，自言自语道："还真是这么回事，想想你还真是幸运的。还没有正式做他的妻子，否则你可真是跳进火坑里了。"

明梅笑着说："所以嘛，我为什么要悲痛欲绝，为什么要伤心难过呢？没有理由啊！"

华宇接着说："那你为她的付出就白白地付出了，那可是女人最宝贵的八年时间啊？"

明梅叹了一口气说："那还能怎么办呢，付出的已经付出了，伤心难过能再回到从前吗？不能吧。既然无法挽回，那么再浪费情绪就很没意义了。"

故事中的明梅当看到刚刚登记的丈夫和别的女人在一起，她并没有因此而伤心难过到一蹶不振，而是觉得庆幸，觉得开心快乐。因为她觉得事情还没有到更糟糕的地步，相比之下还是幸运的。可见，在遭遇生活的酸甜苦辣的时候，心态好的女性往往看到的是好的一面，因而容易感觉到满足和快乐。那么，作为女性，如何让自己的心态好，享受生活的快乐呢？

1. 将生活的不幸当作赏赐

通常很多人在遭遇不幸和打击之后，往往感觉到非常痛苦。这是因为人们内心的欲念没有得到满足，心理期待产生了落差。这时候，作为女性，如果你换个角度来想，为什么别人都得不到，只有你得到了呢？那是因为他们没有这个机会，而你却得到了。遭遇生活的不幸，会让你变得更加成熟和睿智。当你这么想的时候，你感受到的不再是痛苦，而是快乐。

2. 想想更坏的情况会感到庆幸

对于一个聪明的女性来说，在遭遇了生活的不幸时，不要觉得自己吃了多大的亏，损失了多少。你要想想更坏的情况，如果事情真的变得更坏，你会吃更大的亏，损失更多。相比之下，你就会觉得自己非常幸运。就如同故事中的明梅在登记后发现了丈夫的秘密，她没有一味地悲伤，想通后反而很开心，因为相比于有了孩子之后再发现，她觉得自己是幸运的。

3. 想一想你还活着就是幸福

往往很多时候，我们觉得老天不公，命运坎坷，觉得自己遭受了这么多的苦痛和伤害之后，天都要塌下来了，觉得生活没有了指望。但是只要你想一想，你还活着不就是老天对你最大的眷顾吗？活着可以从头再来，如果死了，不就什么都结束了吗？所以，当你明白这个道理的时候，你就不再感觉绝望了，也不会再抱怨了。

4.明白生活因为苦痛才丰富

很多人觉得自己的日子真是太苦了，觉得命运开的玩笑确实太大了。但是，你想一想，如果生活中什么事情都一帆风顺，那么生活是不是也就变得乏味了呢？人没有了希望，不会去努力和奋斗。那样，活着跟死了有什么区别呢？作为女性，当你想明白这一点的时候，你就不会因为遭遇生活的疼痛而沉浸伤心和难过中无法自拔了。

参考文献

[1] 塞利格曼. 认识自己，接纳自己[M]. 任俊，译. 杭州：浙江教育出版社，2020.

[2] 埃利斯. 无条件接纳自己[M]. 刘清山，译. 北京：机械工业出版社，2017.

[3] 龙柒. 心态左右你的人生[M]. 北京：新世界出版社，2011.

[4] 刘逸新. 阳光心态[M]. 北京：中国纺织出版社，2016.